無奶油甜鹹餅乾

低卡少糖也好吃！

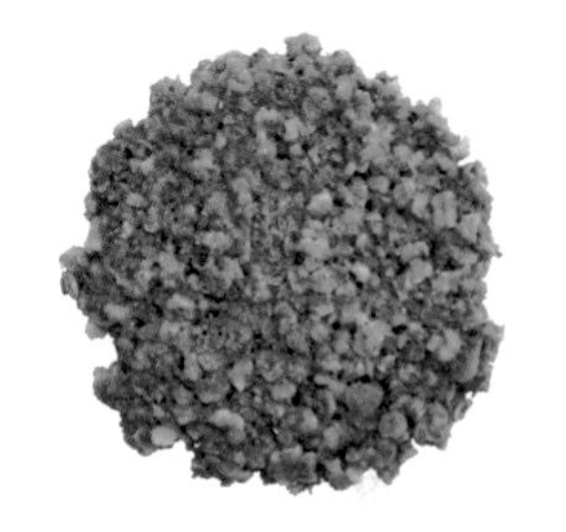

中島志保

瑞昇文化

前言

我的第一本餅乾食譜『無奶油小餅乾，當飯吃也零負擔』，出版迄今3年了。
很開心有很多人因此而製做餅乾，並有許多人對我說「作起來好好吃！」。
我自己也在這段期間，於全國各地開設餅乾教室，
當然，大部分的人都可以成功做出餅乾，
但偶爾還是會有「麵團一直沒有黏結成團」「做出來的餅乾好硬喔」，
這樣的聲音傳進我耳朵裡。
內心一邊忐忑不安地想著就我看來那道配方的水份太多了！
一邊思考如果可以寫本製作過程更詳細，如同在餅乾教室上課，
能讓大家把餅乾做得更美味的書就好了。
對初次接觸本書的人來說，可以讓他們從頭開始享受到做餅乾的樂趣。
然後，對已經買過上一本書的人而言，這本書能讓他們更深入了解餅乾的作法。

促成我寫這本書的另一項契機，是發生了令人無法忘懷的事。
在2011年3月發生的東日本大地震。
地震發生後沒多久，因限電計畫等無法用電，
超市中很多食材都不見蹤影，
甜點不是求生存的絕對必需品，我也煩惱過可以做甜點嗎？這件事。
這時，從災區傳來e-mail，
利用家中剩餘的麵粉和油，照著我的食譜做成餅乾後，
孩子們都非常高興，家中氣氛也開朗許多。
還有人提到，烤了很多餅乾，送到災民收容所。
聽到這些話，我真的非常珍惜製作甜點時，那無可取代的時光。
並且決定，要思考出更多更多能讓大家開心的食譜。

早上一面搓著因騎腳踏車而凍僵的冰冷雙手，
一面打開工作室的門、燒開水、點熱烤箱，房間就會慢慢溫暖起來。
不知不覺，這個地方充滿了餅乾的香味，
今天依舊在這，懷著感恩的心幸福地烤餅乾。

中島志保

❶ 利用一個攪拌盆、雙手製作

即便是在廚房角落，有位置放一個攪拌盆就夠了。只要雙手伸進盆裡繞圈混拌，就能做好麵團。為什麼要用手做呢？因為可以感受到，無法傳達至打蛋器或橡皮刮刀的食材溫度。「跟上次製作時比起來，麵粉比較濕潤？」「要試著把結塊的砂糖搓開吧」。藉由直接接觸材料，就能立刻注意到產生的變化。這是做出美味餅乾的祕訣。

俐落地將麵團搓拌成團，馬上烘烤

最重要的是盡量不要揉捏麵團。尚未熟練的人，心中想著大概是這樣吧？忍不住就想伸手摸，慣於製作麵包的人，容易用手掌根部將麵團壓得緊實。這樣一來，麵團就會漸漸變硬，烤出來的色澤也差。加入水份，在麵團黏結成塊後，俐落整型，接著馬上送進烤箱中烘烤。這樣就會烤出酥鬆的餅乾。麵團長時間靜置的話，表面會滲出油份，色澤和口感都會變差，這點要注意。

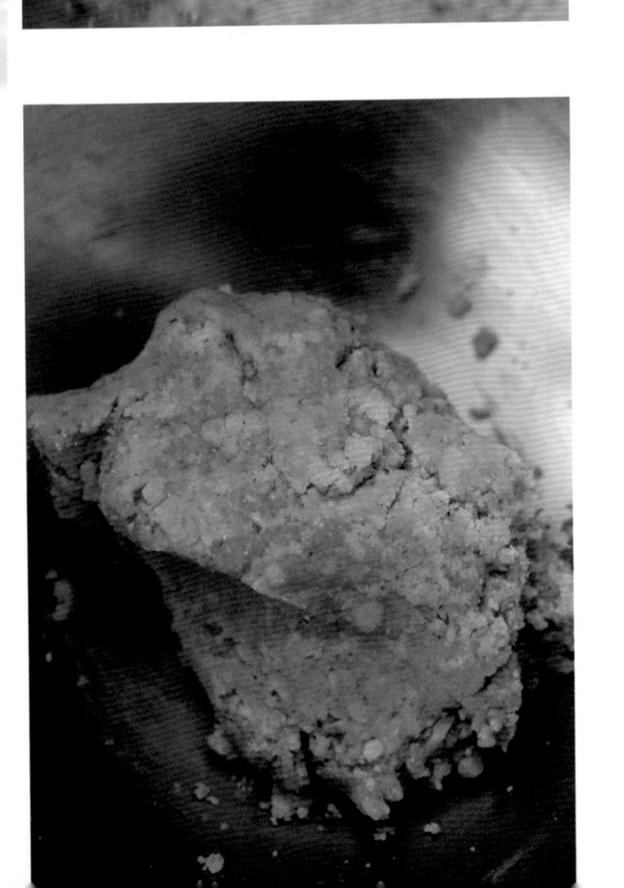

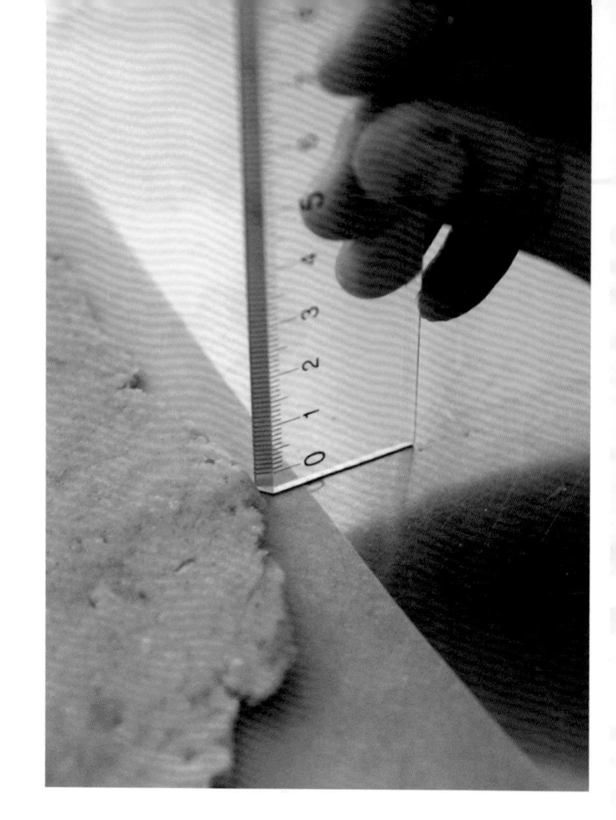

3 仔細測量

我曾被問過，明明是這麼容易就能做好的餅乾，和店裡買回來的就是不同。是配方不一樣嗎？配方沒有不同。正因為這麼簡單，所以材料的測量要仔細，按照食譜的厚度製作是非常重要的。積在湯匙裡的油要確實刮乾淨。用尺測量擀開的麵團厚度。就這樣多費一點工夫，烤出來的餅乾就會變得截然不同。

4 用低溫慢慢烘烤

油在溫度過高的情況下容易氧化，因此要以低溫慢慢烘烤的方式製作。低溫慢烤的另一個目的為，大部分的餅乾都充滿了麵粉，因此要徹底烘烤到裡面的水份乾透，呈現出香脆口感。不過，若是烘烤時間過長，餅乾風味會漸漸流失，所以請以食譜的時間為標準。

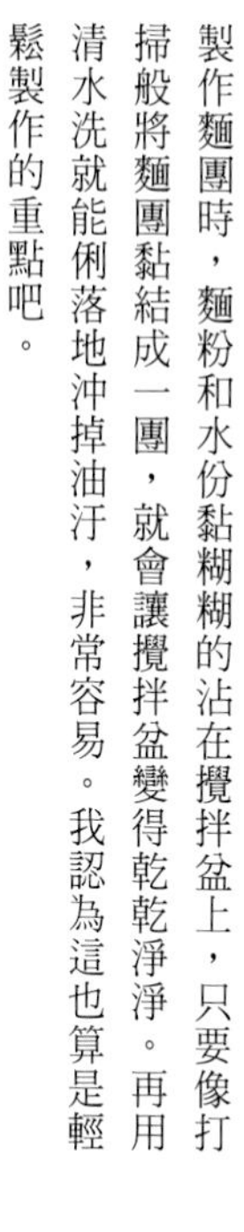

清理很簡單

製作麵團時，麵粉和水份黏糊糊的沾在攪拌盆上，只要像打掃般將麵團黏結成一團，就會讓攪拌盆變得乾乾淨淨。再用清水洗就能俐落地沖掉油汙，非常容易。我認為這也算是輕鬆製作的重點吧。

目錄

PART① 基本的餅乾

PART② 變化款餅乾

PART③ 鹹餅乾

本書的基本通則

・一大匙＝15ml、一小匙＝5ml。
・使用M（60g）大小的蛋。
・使用瓦斯烤箱時，溫度請設定比食譜標示的約低10℃。
・烤箱先預熱至設定溫度。烘烤時間會因熱源和機種等的不同，多少有些差異。請以食譜時間為標準，視烘烤狀況斟酌調整。

PART ① 基本的餅乾

將麵粉和砂糖混拌至鬆散，加油攪拌，最後再淋入水份。
只要這樣做，就能陸續完成各種餅乾。
首先介紹5種基本款餅乾的作法。
酥鬆、鬆脆、濕潤、脆硬。今天要選擇哪款甜點？

① 烤盤餅乾
〈全麥餅乾〉

從以前就一直持續製作的配方，用來當作塔皮、或蛋糕的餅乾底。全麥粉的顆粒嚼感、核桃的濃郁口味，和黃砂糖粉控制得宜的甜度融為一體，雖然樸素，卻是雋永令人無法忘懷的味道。首先就用這個讓大家仔細看清楚基本麵團的作法吧。

材料〈直徑20cm的餅乾1片份〉

- 低筋麵粉 80g
- 全麥麵粉 20g
- 黃砂糖粉 30g
- 核桃 20g
- 鹽 1小撮
- 菜籽油 2大匙
- 豆奶〈原味無糖〉 2大匙

◎使用工具

攪拌盆、湯匙〈15ml〉、烤焙墊、擀麵棍、尺、叉子

0 事先準備

- 核桃放入平底鍋中用小火乾炒，或是以150℃的烤箱烘烤10分鐘後切碎。
- 配合烤盤大小裁剪烤焙墊。
- 烤箱預熱至170℃。

◎攪拌盆

使用直徑約20cm大小，深度適合雙手放入，方便手部移動的攪拌盆即可。照片中是柳宗理直徑23cm的攪拌盆。

◎湯匙

口徑寬、厚度薄的量匙，不容易看清份量，建議選擇厚度、深度皆足夠的類型。

1 混合麵粉

在攪拌盆中放入粉類、黃砂糖粉、核桃和鹽。

如洗米般用手繞大圈混拌所有材料。

＊不過篩也可以。

當麵粉充滿空氣，變得鬆散輕盈即可。

＊這樣做的話，會讓油或水份更易融合。

❷ 加入油

用量匙準確測量菜籽油所需份量，

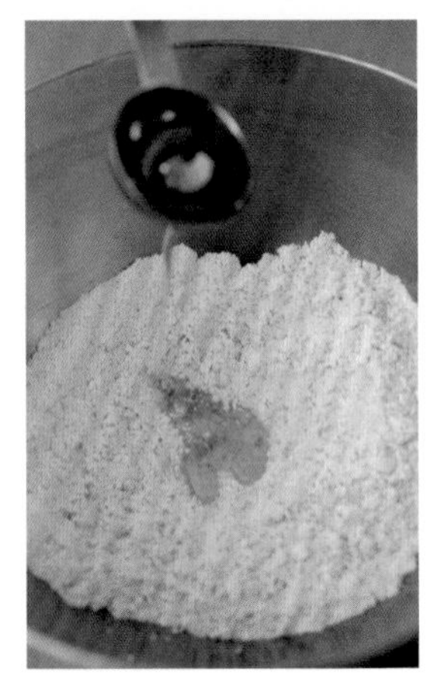

加入麵粉的正中央。

殘留在湯匙上的油也要用手指完全刮入。

＊油脂也是餅乾重要的美味要素之一。油量太少麵團不易黏成團，因此請加得一滴也不剩。

如洗米般用手繞圈混拌，讓麵粉融入油中。

如果麵粉和油的結塊已經變得鬆散，拍掉沾黏在手上的麵團，

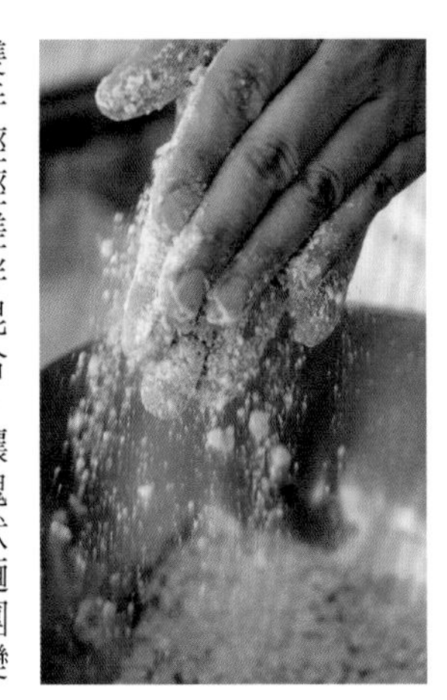

雙手輕輕搓拌混合，讓塊狀麵團變鬆散。

不要用力，輕柔且迅速地混合是完成鬆脆餅乾的訣竅。

＊若是用力壓緊，或是搓拌時間太長，反而會產生粉塊，這點請注意。

油融入泛白的麵粉中，整體顏色變深，顯得濕潤。迅速搓拌混合直到麵粉成為下方圖中的狀態。即便留有少許散狀粉塊也沒關係。

❸ 加入豆奶

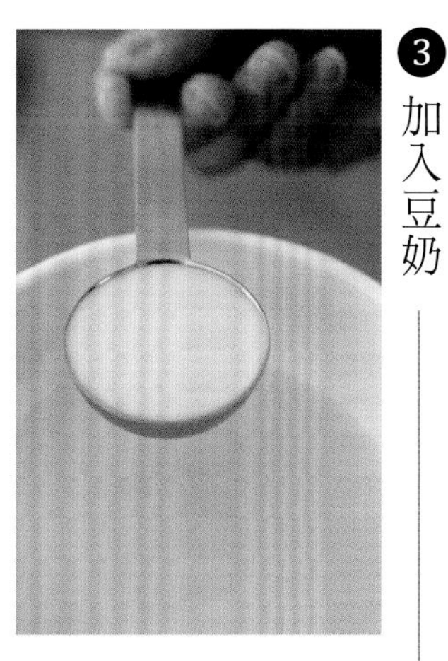

用量匙準確地測量豆奶所需份量，

整體均勻地淋上，

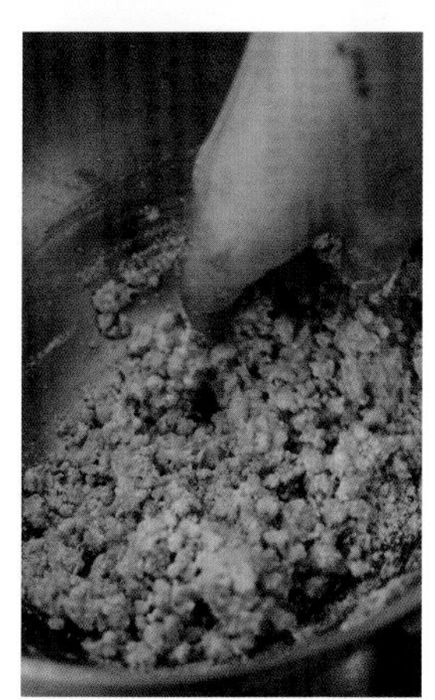

像洗米般用手繞圈混拌，讓水分迅速地完全滲入。

麵團自然就會黏結成團，混合成圖中狀態後即可停止。訣竅是不要過分揉捏麵團。

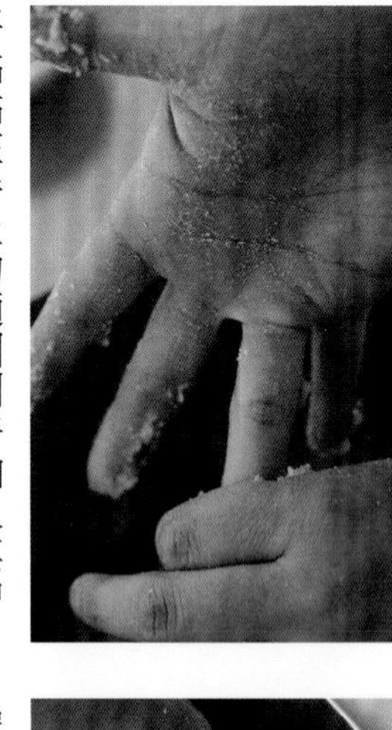
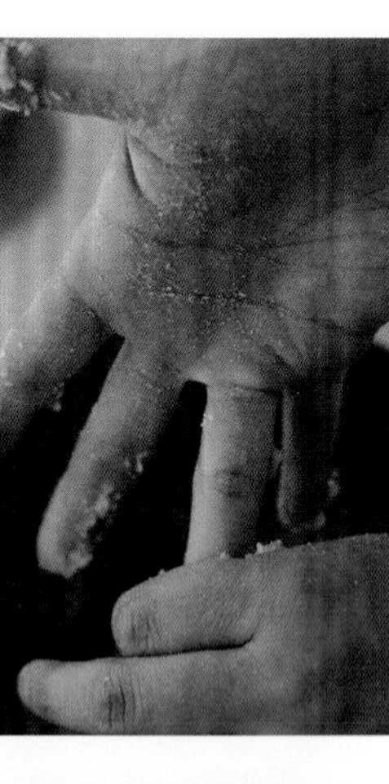

將沾黏在手上的麵團刮淨加入其中，

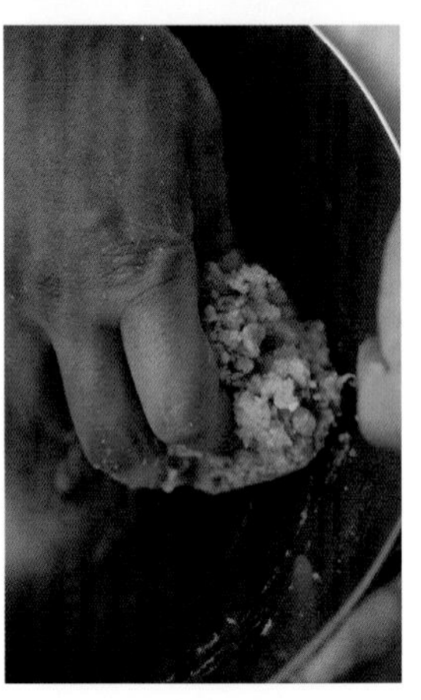

像是在清理攪拌盆內部般黏結麵團。

麵團變得濕潤光滑後就完成了。

＊以光滑不黏手，沒有裂縫及粉粒，如臉頰般柔軟為標準。

4 整型

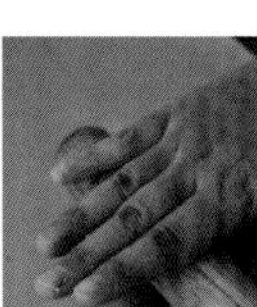

將麵團放在烤焙墊上，擀麵棍從中央往前、中央往後地滾動擀成4mm厚〈直徑20cm〉。

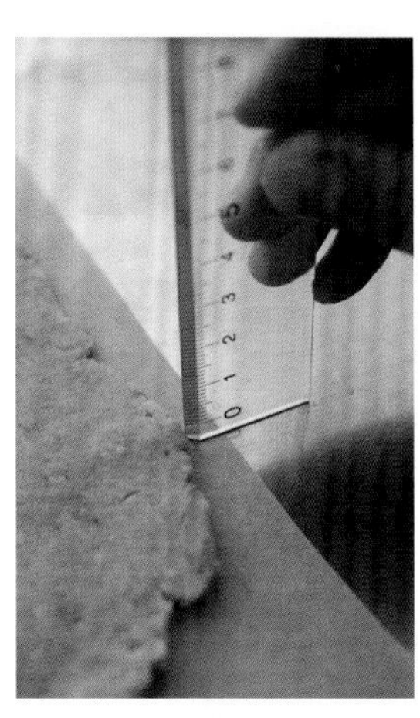

用尺測量檢查厚度，烤出理想的香脆餅乾。

＊不是漂亮的圓形也沒關係。厚度比外觀重要。

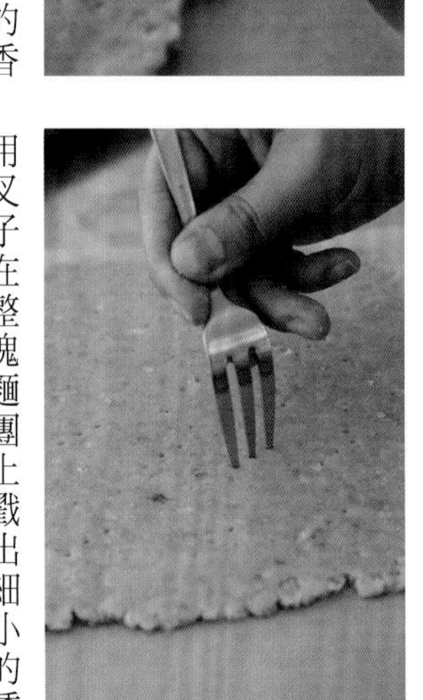

用叉子在整塊麵團上戳出細小的透氣孔，

5 烘烤

連同烤焙墊一起放在烤盤上，放入170℃的烤箱中烤30分鐘，直到呈現金黃烤色。

按壓餅乾正中間，會微微陷下即烘烤完成。

＊就算是餘溫仍有熱度，請不要烤過頭。若手指會大幅度地陷入餅乾內，請再烤一下。

從烤箱中取出，連同烤盤放在鐵網上冷卻。

＊利用餘溫充分烤透，放涼時餅乾就會變得鬆脆，所以請務必要放在烤盤上冷卻。

麵團乾巴巴時…

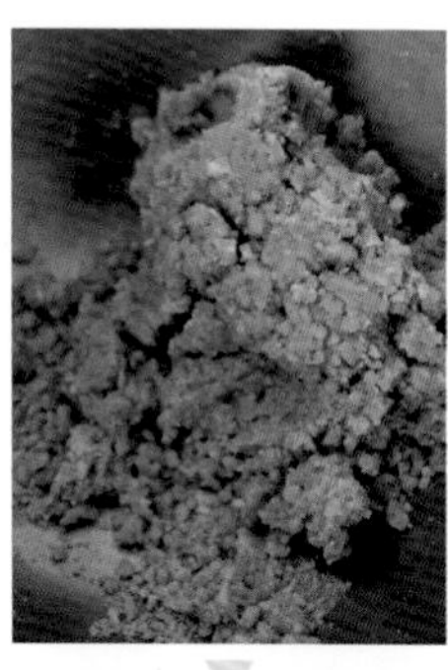

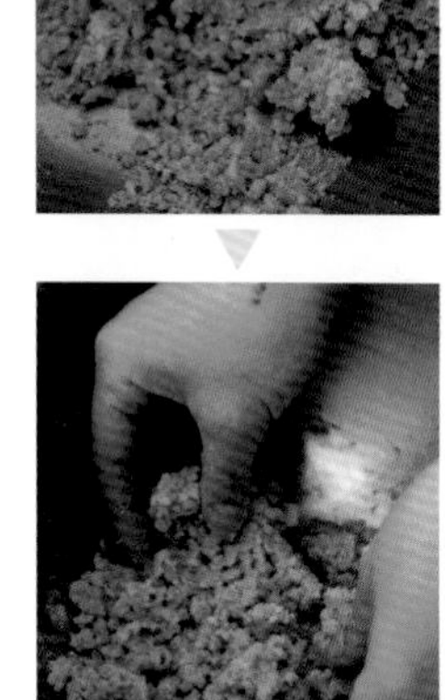

用手輕輕搓開麵團，

在手掌中倒入少許豆奶，

均勻淋入整體，以輕搓的方式使其混勻〈注意不要用力揉搓〉

完成濕潤的麵團。

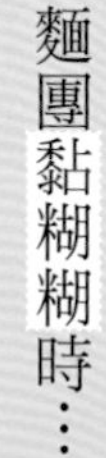

麵團黏糊糊時…

取出麵團放在工作台上，用刮板切對半，

＊不要增加麵粉或是撒手粉。

上下重疊，

用手背跐碰地輕輕按壓使其融合。一面將麵團的方向每次轉90度，一面重複這樣的作業2~3次。

＊加了焦糖、花生醬、可可、抹茶等的麵團，如果在意麵團顏色不均時，也可以用這個方法讓色澤均勻一致。

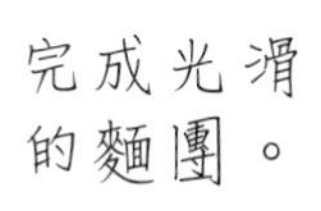

◎關於其他餅乾，也請參考這個方法，做出光滑的麵團。

湯匙餅乾

〈檸檬和椰子餅乾〉

因為是用量匙〈湯匙〉整型的餅乾，
於是便以此命名。
利用湯匙做出來的餅乾大小完全相同，
好處是可以烤得很均勻。
檸檬榨汁的酸味，在口中瀰漫開來，
剛開始覺得很驚奇，之後就會愛上，是相當受歡迎的餅乾。

材料〈直徑4.5cm的餅乾10片份〉

低筋麵粉 50g
椰子粉 50g
黃砂糖粉 20g
泡打粉 1／3小匙
鹽 1小撮
檸檬皮〈日本檸檬〉磨碎 1／2個份

菜籽油 2大匙
檸檬汁 1大匙
水 1／2大匙

0 事先準備

- 檸檬汁和水混合後備用。
- 在烤盤上鋪上烤焙墊。
- 烤箱預熱至160℃。

1 製作麵團

在攪拌盆中放入麵粉、椰子粉、黃砂糖粉、泡打粉、鹽和檸檬皮，如洗米般用手繞大圈混拌所有材料。

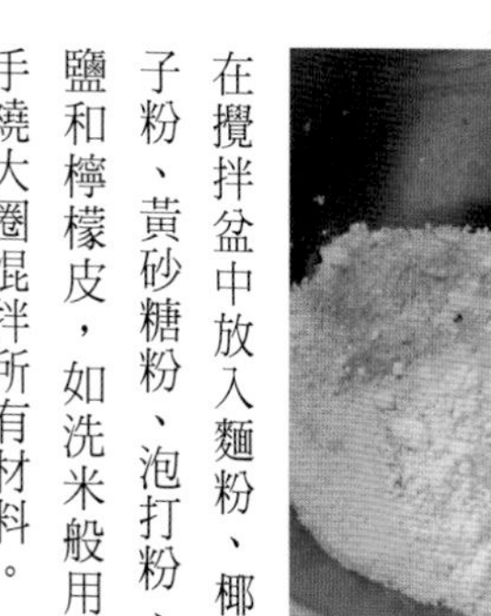

加入菜籽油，用手指將殘留在湯匙上的油完全刮入其中，用手繞圈混拌。

若麵粉和油的結塊已經變得鬆散，用指尖搓開粉塊。

＊呈現細碎鬆散狀態即可。

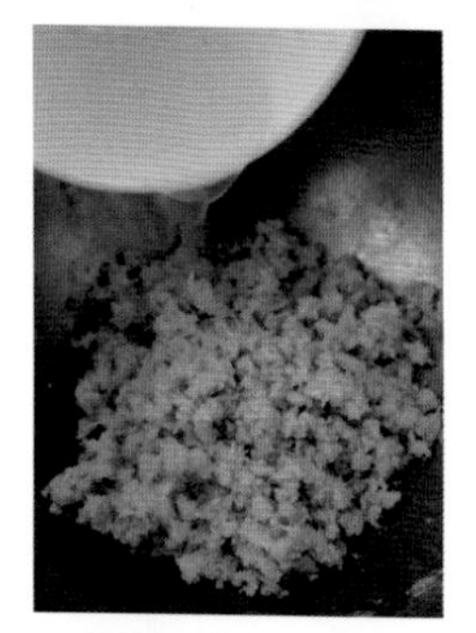

油融入麵粉變得濕潤後，整體均勻地淋上檸檬汁＋水，

用手繞大圈迅速混拌。

水分完全滲入後，麵團就完成了。

＊因為麵團質地鬆散，所以沒有黏結成團也沒關係。

2 整型

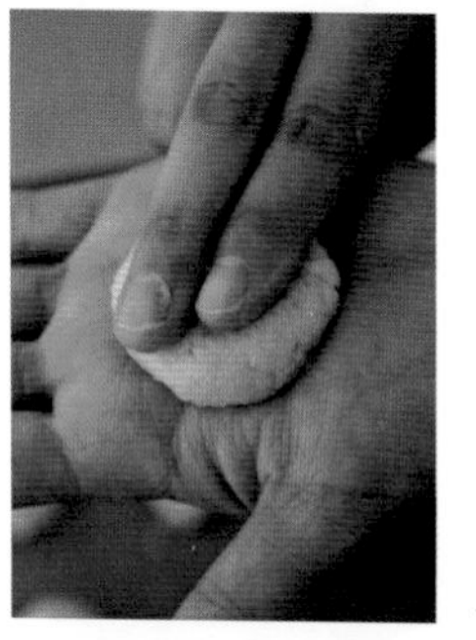

用湯匙舀起一大塊麵團，再用手指刮平。

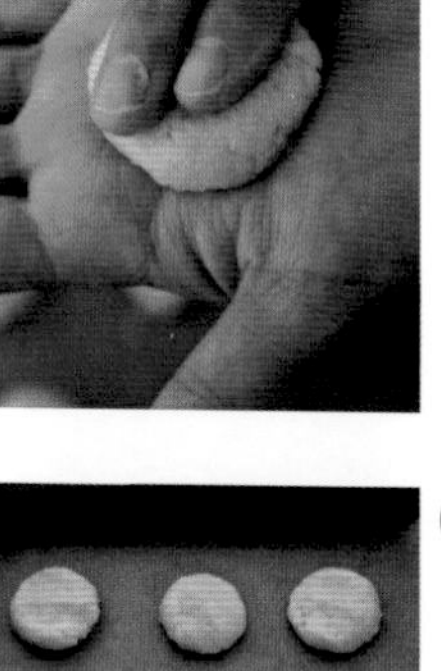

用拇指、食指和中指3根手指翻轉推出麵團，

為了讓中間容易烤透，用食指和中指擠壓稍微壓扁厚度。

3 烘烤

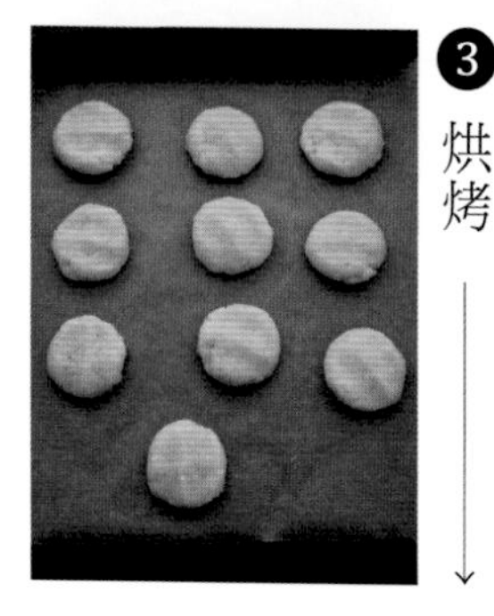

間隔排放在烤盤上，放入160℃的烤箱中烤25分鐘，直到呈現淡淡烤色。取出後放在烤盤上冷卻。

冰箱餅乾

〈黃豆粉餅乾〉

這是將整型為棒狀的麵團，切片烘烤而成的餅乾。
因為沒有過分搓揉麵團，
做出來的餅乾很鬆脆。
置於冷凍室冷凍30分鐘，變硬後再分切，
烤好的外觀相當整齊。
入口即化，黃豆粉在口中充分瀰漫開來，
隱約散發著淡淡的味噌香。

材料（直徑4cm的餅乾15片份）

低筋麵粉　50g
黃豆粉　50g
黃砂糖粉　30g

菜籽油　3大匙
味噌　1／2小匙
豆奶（原味無糖）　1大匙

❶ 事先準備

・在烤盤上鋪上烤焙墊。
・烤箱預熱至170℃。

❶ 製作麵團

在攪拌盆中放入麵粉、黃豆粉和黃砂糖粉，如洗米般用手繞大圈混拌所有材料。

加入菜籽油（殘留在湯匙上的油也要用手指完全刮入）和味噌，一面用手指把味噌弄散，一面用手繞圈混拌。

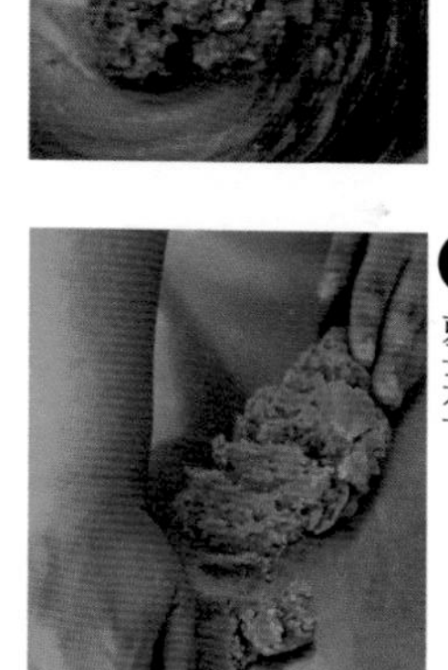

若麵粉和油的結塊已經變得鬆散，用指尖搓開結塊。

＊油量過多，呈現不出鬆散狀態。整體變得濕潤即可。

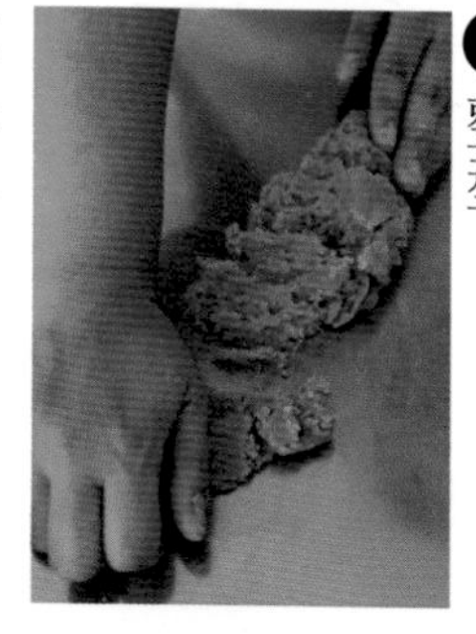

整體均勻地淋上豆奶，用手繞圈混拌，使其黏結成團。

＊雖然剛開始會黏手，但立刻就會均勻融入，因此請不要心急。

❷ 整型

在工作台上以摩擦按壓麵團2～3次的方式調整質地，去除裡面的剩餘空氣。

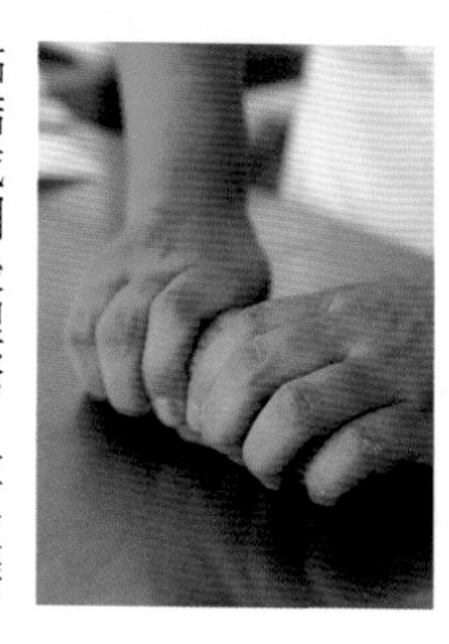

黏結成團後捏緊，再次擠出麵團中的空氣，

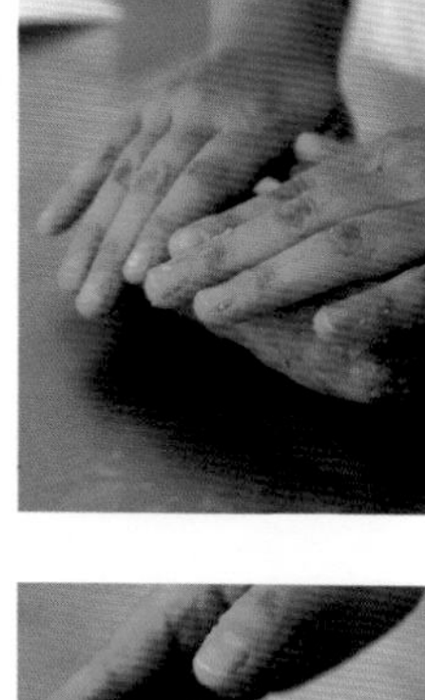

兩手滾動將麵團揉搓成直徑4cm，約10cm長的棒狀。

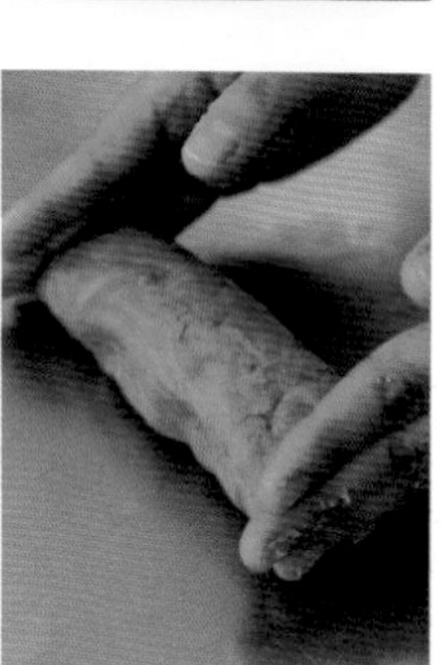

輕輕按壓兩端整型。

＊請小心不要太用力，否則會產生裂縫。

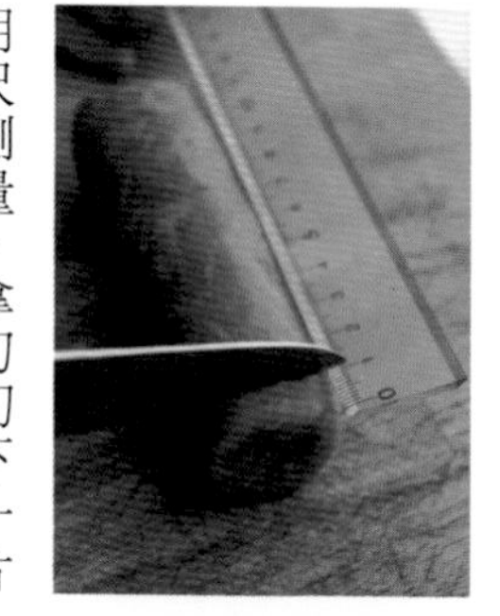

用尺測量，拿刀切下一片7mm厚的麵團。剩下的依此切成相同厚度即可。

＊如果出現裂縫，請用手指修整。

❸ 烘烤

間隔排放在烤盤上，放入170℃的烤箱中烤25分鐘，直到呈現淡淡烤色。取出後放在烤盤上冷卻。

〈焦糖肉桂餅乾〉

切模餅乾是製作餅乾的樂趣精髓所在。
覺得我的餅乾應該適合用○△□等隨興的切模製作吧。
最先擀好的麵團，
烤起來最鬆脆，
所以重點在於用切模盡量切取，不要剩下。
這款餅乾烤成薄片，
可以享受到香脆的口感。

材料〈6cm長的三角切模14片份〉

低筋麵粉 80g
全麥麵粉 20g
黃砂糖粉 20g
肉桂 1／3小匙
鹽 1小撮
菜籽油 2大匙

【焦糖】
黃砂糖粉 2大匙
水 1大匙
熱水 2大匙

0 事先準備

・在烤盤上鋪上烤焙墊。
・烤箱預熱至170℃。

1 製作焦糖

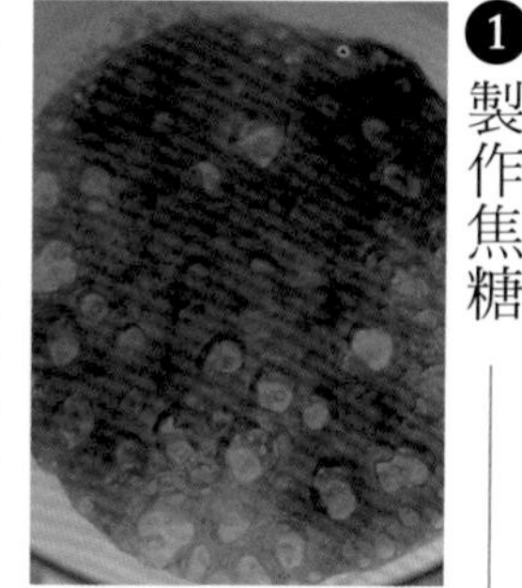

在小鍋中放入黃砂糖粉和水混合均勻，開中火一面搖晃鍋子，一面煮到冒煙，湯汁收乾，整體變成深棕色為止。

從鍋邊加入熱水混合均勻，從中取2大匙備用〈不夠的話就加水補充〉。
＊如果結塊的話，請再開小火煮勻。

2 製作麵團

在攪拌盆中放入粉類、黃砂糖粉、肉桂和鹽，如洗米般用手繞大圈混拌所有材料。

加入菜籽油〈殘留在湯匙上的油也要用手指完全刮入〉，用手繞圈混拌，雙手搓拌混合讓塊狀麵團變鬆散。

油融入麵粉後，整體均勻地淋上焦糖，用手繞圈混拌。

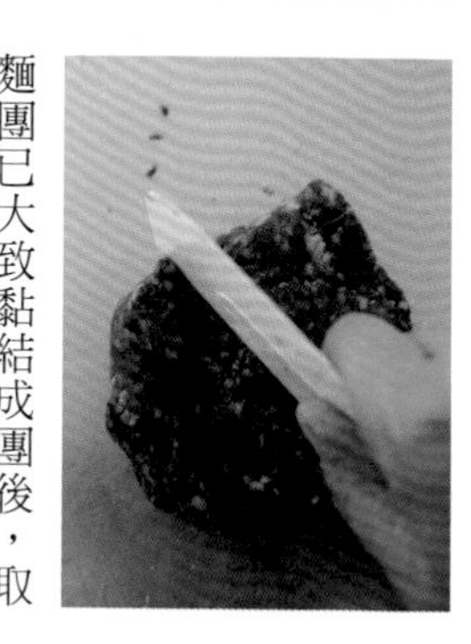

麵團已大致黏結成團後，取出放在工作台上，用刮板切對半，上下重疊
＊為了讓色澤一致。

用手掌輕輕按壓使其融合。一面將麵團的方向每次轉90度，一面重複這樣的作業2~3次。

3 整型

用擀麵棍擀成4mm厚，
＊在麵團兩側放上4mm厚的筷子，使其厚度一致。

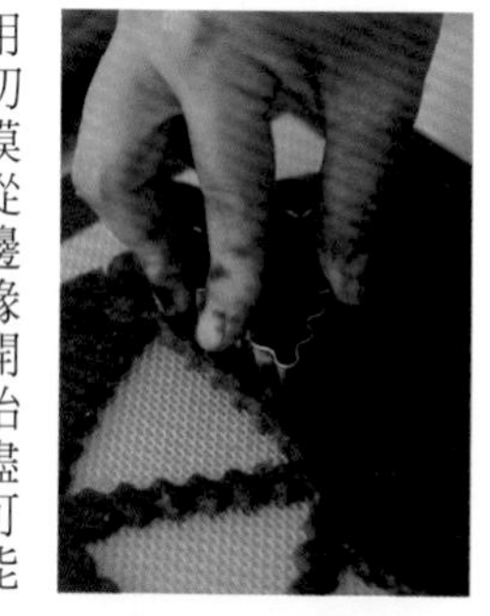

用切模從邊緣開始盡可能地切取，剩餘的麵團直接揉成團，同樣地再擀開、切取。
＊剛開始做好的麵團烤起來最鬆脆，請一次盡量多切取些。

4 烘烤

間隔排放在烤盤上，放入170℃的烤箱中烤25分鐘，直到呈現淡淡烤色。取出後放在烤盤上冷卻。

⑤ 混拌即可的餅乾

〈花生餅乾〉

這款餅乾是本書中最簡單的食譜之一。因為只要混合麵粉與液體，所以不曾失敗過。對用手搓拌這種作法感到不安的人，請一定要從這道食譜開始挑戰看看。鬆脆的質地和濃郁的花生風味，是款任何人都喜愛的餅乾。

材料

〈直徑5cm的菊型模型15片份〉

低筋麵粉 100g
花生醬〈無糖、顆粒型〉 70g＊
楓糖漿 40ml
菜籽油 2大匙
鹽 1小撮

＊也可以用無顆粒型的花生醬，加入切粗粒的花生10g。

0 事先準備

- 在烤盤上鋪上烤焙墊。
- 烤箱預熱至170℃。

1 製作麵團

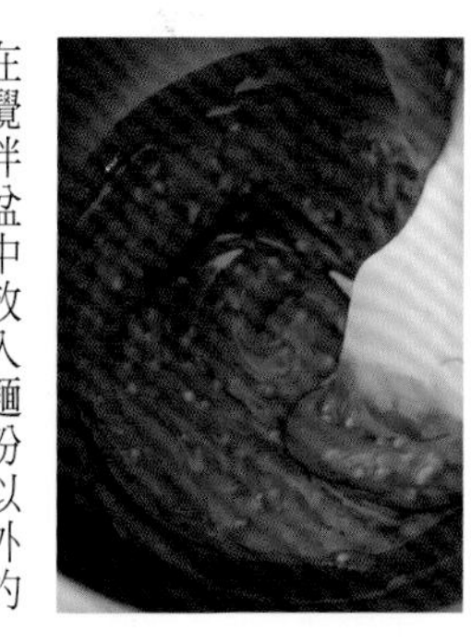

在攪拌盆中放入麵粉以外的所有材料，用橡皮刮刀仔細混拌均勻〈整體變得均勻即可〉。

篩入粉類，用橡皮刮刀如切割般混拌。

混勻已無粉末顆粒的話，用刮板將麵團混成一團，拿到工作台上。

用刮板切對半，

＊為了讓麵團變光滑。

上下重疊，

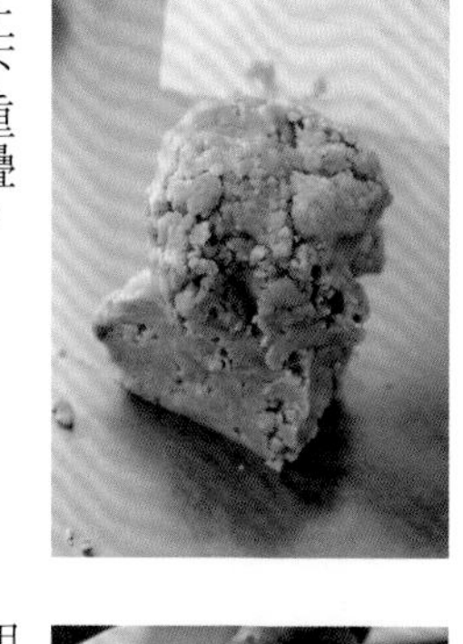

用手掌輕輕按壓使其融合。一面將麵團的方向每次轉90度，一面重複這樣的作業2~3次，使其光滑黏結成團。

2 整型

擀麵棍從中央往前、中央往後地滾動擀成7mm厚。

＊請用尺確認厚度。

用切模從邊緣開始盡可能地切取，剩餘的麵團直接揉成團，同樣地再擀開、切取。

＊最先做好的麵團烤起來最鬆脆，請一次盡量多切取些。

用叉子戳出透氣孔，

3 烘烤

間隔排放在烤盤上，放入170℃的烤箱中烤25分鐘，直到呈現淡淡烤色。取出後放在烤盤上冷卻。

1 黑糖餅乾

在餅乾中加入黑糖，會有卡滋卡滋的口感，因此我很喜歡，
為了更加突顯這點，將麵團擀成薄片後烘烤。
雖然成型時要多切好幾道切痕，
不過做成三角形，看起來就是很可愛，
適合外觀樸素的餅乾。

作法→第28頁

2 楓糖杏仁條

這款餅乾有杏仁切碎後的顆粒嚼感，頗受歡迎。
因為烤成棒狀，咬下去的口感也很爽脆。
接著在口中擴散開來的楓糖風味，同樣令人期待。

作法↓第29頁

3 巧克力椰子餅乾

椰子和巧克力的組合，在男性間相當受歡迎，
也有人搭配威士忌享受啜飲的樂趣。
因為麵團中心不易烤透，
請用手指壓扁後再烘烤。

作法↓第30頁

4 麥片餅乾

我非常喜歡麥片烤過後脆硬的口感。
壓成薄片後烘烤，更添爽脆度。
壓緊杯子底部切取的作業，好玩得讓人愛不釋手。
因為麵團較軟，戴上烹飪用的薄手套拿取，
就不會黏手，容易作業。

作法↓第31頁

5 夏威夷豆球

對喜歡堅果的我而言，
夏威夷豆簡直是堅果類的王者。
雖然美味，卻也有著不能吃太多的煩惱。
做成甜點的話，覺得比較沒有罪惡感〈？〉
就做出這款圓球餅乾。
重點在於搭配堅果嚼感，酥鬆的餅乾質地。

作法↓第32頁

6 巧克力摩卡餅乾

想要突顯出淡淡苦感時，
可可比巧克力更適合。
再加上少量的咖啡，
做出具深度風味的餅乾。
於餅乾周圍點綴些杏仁，
顯得活潑許多。

作法→第33頁

1 黑糖餅乾

烤盤

材料〈5cm長的三角形餅乾32片份〉

低筋麵粉　80g
全麥麵粉　20g
黑糖〈粉狀〉　30g
鹽　1小撮
菜籽油　2大匙
豆奶〈原味無糖〉　2大匙

事先準備

▼配合烤盤大小裁剪烤焙墊。
▼烤箱預熱至170℃。

point

20cm
20cm
5cm
5cm

用刮板切出5×5cm的切痕，
每片再斜向對分，
成為三角形。

作法

❶ 在攪拌盆中放入粉類、黑糖和鹽，用手繞圈混拌。加入菜籽油，用手繞圈混拌→用雙手搓拌混合，讓塊狀麵團變鬆散→加入豆奶，用雙手繞圈混拌，混成一團。

❷ 將麵團放在烤焙墊上，用擀麵棍擀成4mm厚〈約為20cm長的正方形〉。用刮板縱、橫向各分4等份切出切痕，再斜向分半切出切痕，成為三角形。

❸ 連烤焙墊一起放在烤盤上，放入170℃的烤箱中烤25分鐘。取出後放在烤盤上冷卻，稍涼後沿切痕掰開。

使用粉狀黑糖，容易與麵團融合，相當方便。如果是用黑糖塊，請用擀麵棍等碾成粉末狀後再使用。＊購自「CUOCA」〈第70頁〉

2 楓糖杏仁條

烤盤

材料〈1×15cm的餅乾25條份〉

低筋麵粉 100g
杏仁 40g
黃砂糖粉 10g
鹽 1小撮
菜籽油 2大匙
楓糖漿 2大匙

事先準備

▼杏仁放入平底鍋用小火乾炒，切成保有口感的細粒。
▼配合烤盤大小裁剪烤焙墊。
▼烤箱預熱至170℃。

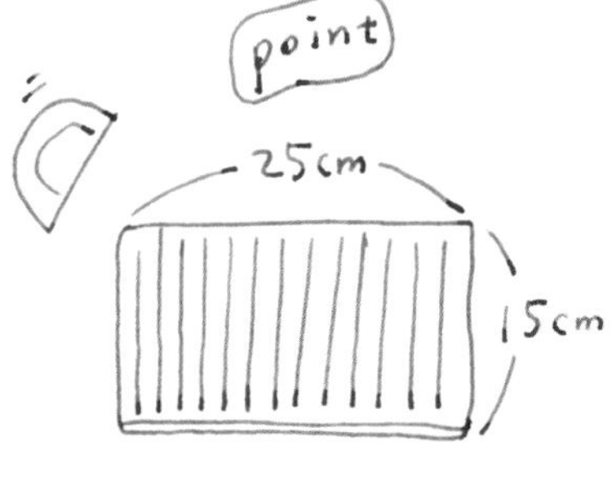

用刮板切出1cm寬的切痕，做成條狀。

作法

❶ 在攪拌盆中放入麵粉、杏仁、黃砂糖粉和鹽，用手繞圈混拌。加入菜籽油，用手繞圈混拌↓用雙手搓拌混合，讓塊狀麵團變鬆散↓加入楓糖漿，用雙手繞圈混拌，混成一團。

❷ 將麵團放在烤焙墊上，用擀麵棍擀成4mm厚〈約縱15×橫25cm〉。用刮板切出1cm寬的條狀切痕

❸ 連烤焙墊一起放在烤盤上，放入170℃的烤箱中烤30分鐘。取出後放在烤盤上冷卻，稍涼後沿切痕掰開。

我選用無添加鹽和油的新鮮杏仁。要用時再烘烤〈乾炒〉每次所需份量，這樣最美味，也比較不會氧化。＊購自「CUOCA」〈第70頁〉

楓糖漿的沉穩甜味，和用全麥麵粉或堅果製作的甜點非常對味。我喜歡用加拿大「Citadelle」的楓糖漿。＊購自「CUOCA」〈第70頁〉

3 巧克力椰子餅乾

湯匙

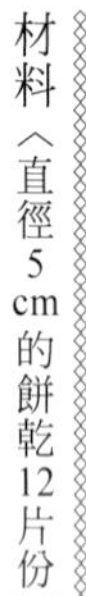

材料〈直徑5cm的餅乾12片份〉

低筋麵粉　50g
椰子粉　50g
黃砂糖粉　20g
泡打粉　1／3小匙
鹽　1小撮
菜籽油　2大匙
水　1又1／2大匙
巧克力　20g
＊巧克力豆也可以。

事先準備

▼巧克力切粗粒。
▼在烤盤上鋪上烤焙墊。
▼烤箱預熱至160℃。

作法

❶ 在攪拌盆中放入麵粉、椰子粉、黃砂糖粉、泡打粉和鹽，用手繞圈混拌。加入菜籽油，用手繞圈混拌↓用指尖將塊狀麵團搓散開↓加入水，用手繞圈混拌。加入巧克力粗略混拌〈無法黏結成團也沒關係〉。

❷ 用湯匙舀起一大塊麵體，以拇指刮平，再用食指和中指按壓，稍微壓扁後，間隔排放在烤盤上。

❸ 放入160℃的烤箱中烤25分鐘，取出後放在烤盤上冷卻。

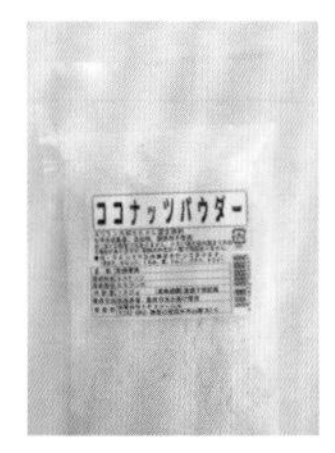

椰子粉是削下來的椰肉曬乾後製成。切得細碎就是椰子粉，切得細長者叫做椰子絲。＊購自「CUOCA」〈第70頁〉

4 麥片餅乾

湯匙

材料〈直徑7cm的餅乾10片份〉

麥片 50g
椰子粉 20g
低筋麵粉 20g
全麥麵粉 10g
黃砂糖粉 20g

鹽 1小撮
菜籽油 2大匙
水 2大匙

事先準備

▼裁剪一張長寬為8cm的正方形烤焙墊備用。
▼在烤盤上鋪上烤焙墊。
▼烤箱預熱至170℃。

作法

❶ 在攪拌盆中放入麥片、椰子粉、粉類、黃砂糖粉和鹽，用手繞圈混拌。加入菜籽油，用手繞圈混拌→用指尖將塊狀麵團搓散開→加入水，用手繞圈混拌。加入水，用手繞圈混拌〈無法黏結成團也沒關係〉。

❷ 用湯匙舀起一大塊麵體，以拇指刮平，間隔排放在烤盤上。蓋上裁剪好的烤焙墊，壓緊杯子底部，將麵體壓成2mm厚〈直徑約7cm〉。

❸ 放入170℃的烤箱中烤20~22分鐘，取出後放在烤盤上冷卻。

point

烤焙墊

壓緊杯子底部，
使其扁平！

做成2mm厚
的薄片。

麥片是用蒸過的燕麥碾碎製成。營養價值高，口感香酥。在早餐穀類製品中，幾乎都會添加麥片。＊購自「CUOCA」〈第70頁〉

5 夏威夷豆球

湯匙

材料〈直徑2.5cm的餅乾34個份〉

低筋麵粉　80g
全麥麵粉　20g
黃砂糖粉　30g
泡打粉　1／3小匙
鹽　1小撮

菜籽油　2大匙
豆奶〈原味無糖〉　2大匙
夏威夷豆　50g

事先準備

▼夏威夷豆放入平底鍋中用小火乾炒，切粗粒〈1顆切成4～6等份〉。
▼在烤盤上鋪上烤焙墊。
▼烤箱預熱至170℃。

作法

❶ 在攪拌盆中放入粉類、黃砂糖粉、泡打粉和鹽，用手繞圈混拌。加入菜籽油，用手繞圈混拌→用指尖將塊狀麵團搓散開→加入豆奶，用手繞圈混拌。加入夏威夷豆粗略混拌，使其黏結成團。

❷ 用小茶匙舀起一大塊麵團，以拇指刮平，揉成直徑2.5cm的圓球，間隔排放在烤盤上。

❸ 放入170℃的烤箱中烤30分鐘，取出後放在烤盤上冷卻。

point

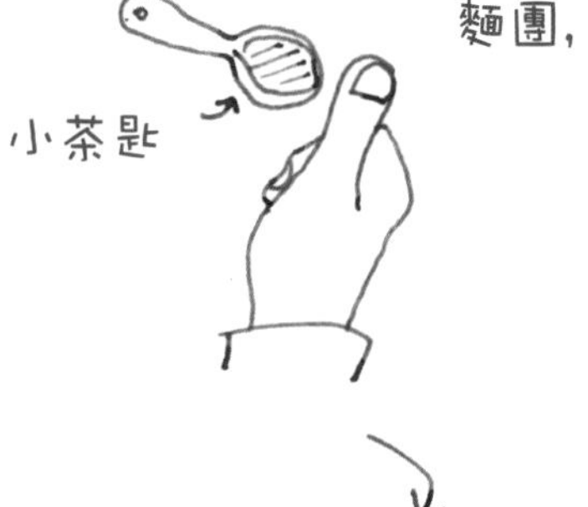

將其揉成球狀。

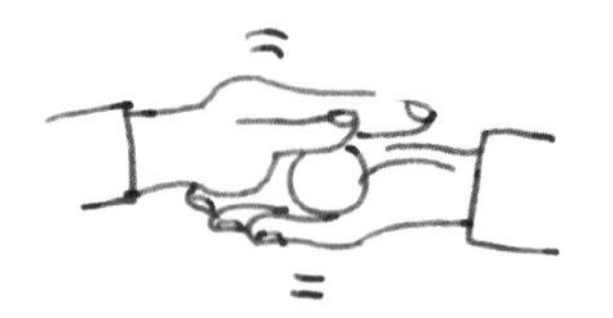

夏威夷豆的油酸含量豐富，特色是外觀圓滾滾。口感佳，經常和巧克力或餅乾搭配使用。＊購自「CUOCA」〈第70頁〉

6 巧克力摩卡餅乾

冰箱

材料〈3.5cm的方形餅乾22片份〉

低筋麵粉　80g
可可粉　20g
黃砂糖粉　40g
鹽　1小撮
菜籽油　2大匙
即溶咖啡〈顆粒狀〉　1小匙
熱水　1又1／2大匙
杏仁碎粒　20g＊
＊也可以將整顆杏仁切粗粒。

事先準備

▼杏仁碎粒放入平底鍋中用小火乾炒。
▼即溶咖啡用熱水溶解後，放涼備用。
▼在烤盤上鋪上烤焙墊。
▼烤箱預熱至170℃。

作法

❶ 在攪拌盆中放入粉類、黃砂糖粉和鹽，用手繞圈混拌。加入菜籽油，用手繞圈混拌→用指尖將塊狀麵團搓散開→加入咖啡液，用手繞圈混拌，混成一團。

❷ 在工作台上以摩擦按壓麵體2~3次的方式調整質地，捏緊麵團除去裡面的空氣，用兩手揉搓成3.5cm的方形，9cm長的四角柱狀。

❸ 整體均勻地撒上杏仁碎粒，輕輕壓緊後，用刀將麵團切成4mm厚。間隔排放在烤盤上，放入170℃的烤箱中烤25分鐘，取出後放在烤盤上冷卻。

貼住尺以定型，做出整齊的四方形。

麵團上整體均勻地撒上杏仁碎粒，

用手輕輕壓緊讓杏仁碎粒不會掉落。

我使用顆粒狀的即溶咖啡。除了用熱水溶解外，也可以當作配料直接加進麵團使用。大部分選用中～深烘培的咖啡。

杏仁碎粒是把杏仁切碎的產品。與杏仁片相比，更能享受到脆硬的口感。＊購自「CUOCA」〈第70頁〉

7 抹茶豆渣餅乾

這是以豆渣粉為基底，加上抹茶的和風餅乾。
抹茶粉不用甜點專用的材料，
而是直接泡也很好喝的產品，
這是我選擇配料的小堅持。
使用粉粒細緻的豆渣粉，
就能烤出細綿的口感。

作法→第38頁

8 巧克力酥餅

添加大量融化的巧克力，是款口味濃郁的餅乾。
建議烤成小型餅乾來享用。
當作吊飾時，
因為烘烤過程中綁線孔會合起來，
請用竹籤等戳出較大的洞。

作法↓第39頁

9 金楚糕

金楚糕原本是用豬油製作的沖繩傳統點心，不過我改用菜籽油做。
正因為這款餅乾，比其他餅乾加了稍多的油，
呈現出特有的入口即化口感。
沒有加水，所以麵體比較不容易黏結成團，
不過，用手捏緊就會慢慢變濕潤喔。

作法↓第40頁

10 蕎麥小饅頭

這是小時候常吃，令人懷念的小點心。
加入少許泡打粉，
就能做出獨特的脆硬口感。
用花朵模型切取，中間的圓形也一併取下烘烤，
不同的造型趣味，相當討喜。

作法↓第41頁

7 抹茶豆渣餅乾

材料〈4cm的方形餅乾18片份〉

- 低筋麵粉　70g
- 豆渣粉　30g
- 和三盆糖　40g
- 抹茶　2小匙
- 菜籽油　3大匙
- 豆奶〈原味無糖〉　2又1／2大匙

事先準備

▼在烤盤上鋪上烤焙墊。
▼烤箱預熱至170℃。

point

豆渣粉最好是用研磨缽等器具細細碾碎後再使用。

用生豆渣製作時，先放在平底鍋中以小火乾炒，完全除去水份後，再用研磨缽細細碾碎。

作法

❶ 在攪拌盆中放入麵粉、豆渣粉、抹茶與和三盆糖，用手繞圈混拌。加入菜籽油，用手繞圈混拌→用指尖將塊狀麵團搓散開→加入豆奶，用手繞圈混拌，混成一團。

❷ 在工作台上以摩擦按壓麵團2～3次的方式調整質地，捏緊麵團除去裡面的空氣，用兩手揉搓成4cm方形，7～8公分長的四角柱狀。

＊整型時，用尺貼住麵團側面即可。

❸ 用刀將麵團切成4mm厚，間隔排放在烤盤上，放入170℃的烤箱中烤25分鐘。取出後放在烤盤上冷卻。

這是顆粒細緻，甜點用的粉狀豆渣粉。能充分感受到細綿的口感與豆渣的風味。可以代替部分麵粉使用。＊購自「CUOCA」〈第70頁〉

和三盆糖是四國地方等以傳統方法製作而成，風味高雅的砂糖。可以搭配黃豆粉或抹茶等日式食材使用，也可以代替細砂糖。如果沒有的話，使用黃砂糖粉代替也行。

8 巧克力酥餅

切模

材料〈3cm長的星星模型50片份〉

低筋麵粉 90g
可可粉 10g
黃砂糖粉 10g

鹽 1小撮

巧克力 40g

菜籽油 2大匙
水 1大匙

事先準備

▼將巧克力切碎，和菜籽油一起放入攪拌盆中，隔水加熱〈放在50~60℃的熱水上〉使巧克力變軟融化。

▼在烤盤上鋪上烤焙墊。

▼烤箱預熱至170℃。

作法

❶ 在攪拌盆中放入粉類、黃砂糖粉與鹽，用手繞圈混拌。加入融化的巧克力＋菜籽油，用橡皮刮刀如切割般混拌↓用手搓拌混合↓變得濕潤後加入水，用手繞圈混拌，混成一團。

❷ 用擀麵棍將麵團擀成4mm厚，以模型切取。

＊隨著時間經過，巧克力會凝固麵團就會變硬，因此動作要迅速。

❸ 間隔排放在烤盤上，放入170℃的烤箱中烤20分鐘。取出後放在烤盤上冷卻。

9 金楚糕

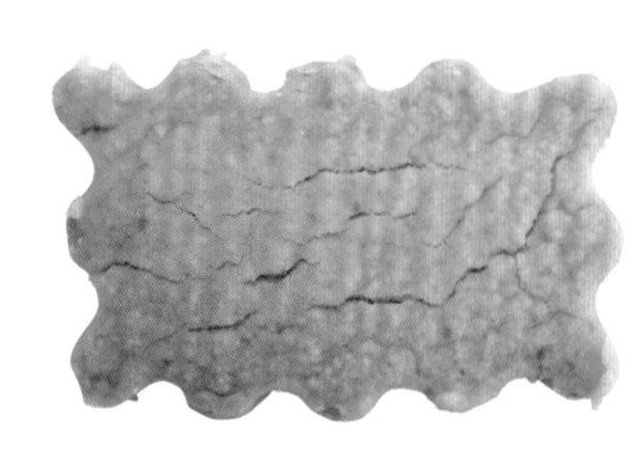

材料〈4×2.5cm的長方形波浪模型15片份〉

低筋麵粉 100g
黃砂糖粉 30g
粗鹽 2小撮
菜籽油 2又1／2大匙

事先準備

▼在烤盤上鋪上烤焙墊。
▼烤箱預熱至170℃。

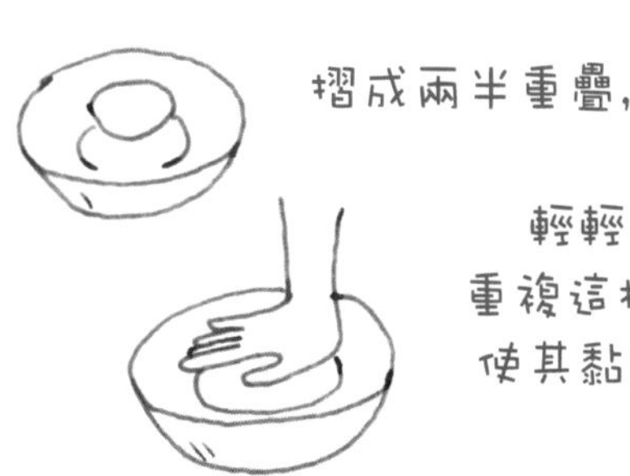

作法

❶ 在攪拌盆中放入麵粉、黃砂糖粉和粗鹽，用手繞圈混拌。加入菜籽油，用手繞圈混拌→變得濕潤後，將麵團捏緊，摺成兩半→用手掌輕輕按壓。一面將麵團的方向每次轉90度，一面重複這樣的作業2～3次，使其光滑黏結成團。

＊若不易黏結成團，可補充少量水〈份量外〉。

❷ 用擀麵棍將麵團擀成1cm厚，以模型切取。

❸ 間隔排放在烤盤上，放入170℃的烤箱中烤25分鐘。取出後放在烤盤上冷卻〈因為容易碎裂，請不要在變冷前拿取〉。

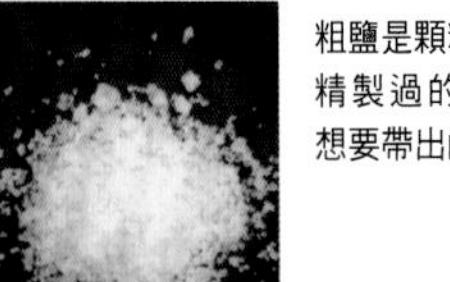

粗鹽是顆粒較粗，沒有精製過的鹽。可以在想要帶出鹹味時選用。

10 蕎麥小饅頭

切模

材料〈直徑4cm的花朵模型+直徑2cm的圓模各30片份〉

蕎麥粉　70g
低筋麵粉　30g
黃砂糖粉　30g
泡打粉　1／4小匙
鹽　1小撮
菜籽油　2大匙
水　2大匙

事先準備

▼在烤盤上鋪上烤焙墊。
▼烤箱預熱至170℃。

作法

❶ 在攪拌盆中放入粉類、黃砂糖粉、泡打粉和鹽，用手繞圈混拌。加入菜籽油，用手繞圈混拌→用雙手搓拌混合，讓塊狀麵團變鬆散→加入水，用手繞圈混拌，混成一團。

❷ 用擀麵棍將麵團擀成4mm厚，以模型切取。

❸ 間隔排放在烤盤上，放入170℃的烤箱中烤30分鐘，圓形餅乾烤18分鐘。取出後放在烤盤上冷卻。

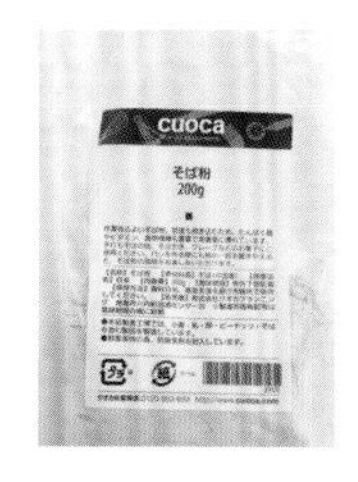

蕎麥粉是把蕎麥碾細後製成粉狀。這次使用的是顆粒較細的產品，不過，也可以自行選用喜歡的類型。使用粗碾的蕎麥粉時，請稍微減少水量。＊購自「CUOCA」〈第70頁〉

11 芝麻方塊餅

好想吃用很多我最愛的芝麻做成的餅乾，
在這樣的念頭下做出這款餅乾。
芝麻醬讓麵團滋味濃醇，
加上裝飾用的芝麻粒，顆粒口感也很討喜。
用白芝麻製作的口味較清香。
若是黑芝麻，入口後會散發出濃郁香氣。

作法→第46頁

12 雞蛋酥餅

用蛋黃取代水分讓麵團黏結成團。
口感柔和，入口即化，雞蛋的香味在嘴中瀰漫開來。
像雞蛋小饅頭般，帶點懷舊的滋味也是其魅力所在。

作法↓第47頁

13 杏仁酥餅

好想吃如法國的傳統點心，布列塔尼酥餅般烤得厚厚的餅乾！
於是思索出這道食譜。
味道的重點，就在杏仁。
因為用了大量的杏仁粉製作，香醇美味。
只撒上些粗鹽提味，
就讓味道的層次明顯提升，令人驚喜。

作法→第48頁

14 甘酒餅乾

我很喜歡喝甘酒，不僅是冬天，
夏天時冰鎮來喝，一年四季都喝。
加點生薑，會刺激味蕾，
因此我也試著加進餅乾中。
甘酒所含糖分，會讓餅乾容易烤焦，所以烘烤時請隨時留意狀況。

作法→第49頁

11 芝麻方塊餅

切模即可

材料〈3cm的方形餅乾，白或黑42片份〉

低筋麵粉 120g
白芝麻醬〈或黑芝麻醬〉 60g
白芝麻粒〈或黑芝麻粒〉 10g
黃砂糖粉 30g
菜籽油 2大匙
豆奶〈原味無糖〉 2大匙
楓糖漿 1大匙
鹽 1小撮

事先準備

▼在烤盤上鋪上烤焙墊。
▼烤箱預熱至170℃。

作法

❶ 在攪拌盆中放入麵粉以外的所有材料，用橡皮刮刀仔細混拌均勻。篩入麵粉，用橡皮刮刀如切割般混拌。

❷ 麵團拌勻已無粉末顆粒後，拿到工作台上，用刮板切對半重疊，用手掌輕輕按壓。一面將麵團的方向每次轉90度，一面重複這樣的作業2~3次，使其光滑黏結成團。

❸ 用擀麵棍將麵團擀成7mm厚〈約縱18×橫21cm〉，用刀切成3cm方形。間隔排放在烤盤上，放入170℃的烤箱中烤25分鐘。取出後放在烤盤上冷卻。

point

21cm
18cm
3cm
3cm

用刀切成
縱7等份×橫6等份，
間隔排放在烤盤上。

芝麻醬是將芝麻碾碎製成的醬料產品，味道香濃，不僅是烹調料理，也經常用於甜點製作。因為容易油水分離，請先從底部徹底攪拌均勻後再使用。

12 雞蛋酥餅

材料〈直徑6cm的圓模10片份〉

低筋麵粉　100g
黃砂糖粉　30g
蛋黃　1個份
菜籽油　2大匙
豆奶〈原味無糖〉　1大匙

香草莢　1／4根

事先準備

▼香草莢縱切一半，用刀刮出種子。
▼在烤盤上鋪上烤焙墊。
▼烤箱預熱至170℃。

作法

❶ 在攪拌盆中放入麵粉以外的所有材料，用打蛋器仔細攪拌均勻。篩入麵粉，用橡皮刮刀如切割般混拌。

❷ 麵團拌勻已無粉末顆粒後，拿到工作台上，用刮板切對半重疊，用手掌輕輕按壓。一面將麵團的方向每次轉90度，一面重複這樣的作業2~3次，使其光滑黏結成團。

❸ 用擀麵棍將麵團擀成4mm厚，用模型切取，間隔排放在烤盤上，放入170℃的烤箱中烤22分鐘。取出後放在烤盤上冷卻。

point

香草莢用刀
縱切一半，
刮出種子使用。

香草莢有著香草精無法取代的濃厚香味及風味。雖然比較貴，但請一定要試用看看。

13 杏仁酥餅

切模即可

材料〈直徑6cm的圓模10片份〉

低筋麵粉　100g
杏仁粉　80g
泡打粉　1／3小匙
鹽　2小撮

黃砂糖粉　50g
蛋黃　1個份
菜籽油　50ml
豆奶〈原味無糖〉　1大匙

蘭姆酒　1小匙
裝飾用的豆奶、粗鹽、杏仁片　各適量

事先準備

▼在烤盤上鋪上烤焙墊。
▼烤箱預熱至170℃。

作法

❶ 在攪拌盆中放入粉類和鹽以外的所有材料，用打蛋器仔細攪拌均勻。篩入粉類和鹽，用橡皮刮刀如切割般混拌。

❷ 麵團拌勻已無粉末顆粒後，拿到工作台上，用刮板切對半重疊，用手掌輕輕按壓。一面將麵團的方向每次轉90度，一面重複這樣的作業2~3次，使其光滑黏結成團。

❸ 用擀麵棍將麵團擀成1cm厚，用模型切取，間隔排放在烤盤上。在麵團表面塗上豆奶，撒上少許粗鹽，貼上適量的杏仁片。放入170℃的烤箱中烤25分鐘，取出後放在烤盤上冷卻。

point

用指尖塗上具黏性的豆奶，

撒上少許粗鹽，再貼上杏仁片。

用杏仁粉取代部分麵粉，可以烤出濃郁風味。我只在這裡說喔，使用比平常貴一點的材料製作，果然很美味！＊購自「CUOCA」〈第70頁〉

14 甘酒餅乾

切模即可

材料〈3cm長的千鳥模型50片份〉

低筋麵粉　100g
甘酒　40g
黃砂糖粉　20g
菜籽油　2大匙
薑泥　1小匙
鹽　1小撮

事先準備

▼在烤盤上鋪上烤焙墊。
▼烤箱預熱至160℃。

作法

❶ 在攪拌盆中放入麵粉以外的所有材料，用打蛋器仔細攪拌均勻。篩入粉類，用橡皮刮刀如切割般混拌。

❷ 麵團拌勻已無粉末顆粒後，拿到工作台上，用刮板切對半重疊，用手掌輕輕按壓。一面將麵團的方向每次轉90度，一面重複這樣的作業2~3次，使其光滑黏結成團。

❸ 用擀麵棍將麵團擀成4mm厚，用模型切取，間隔排放在烤盤上，放入160℃的烤箱中烤25分鐘。取出後放在烤盤上冷卻。

＊因為容易烤焦，請邊注意餅乾狀況邊烘烤。

甘酒是用酒粕製成的產品，有兩種米麴製品，甜點中使用的是後者。因糖份含量高，容易烤焦，所以要隨時打開烤箱檢查狀況。＊購自「CUOCA」〈第70頁〉

PART ② 變化款餅乾

孩提時代曾收到國外旅行的伴手禮，是裝在罐子中的奶油餅乾，
至今仍記得那令人驚喜的美味。
如果在家中可以做出多款世界各國的餅乾該有多好，
享受著烘烤各式甜點的樂趣。

1 法式脆餅

法式脆餅〈Croquant〉是法國的傳統點心。
Croquant好像是「酥脆」的意思。
在蛋白中撒滿堅果烘烤後，
成為口感酥脆的餅乾。
俐落地混拌，只需用湯匙挖取烘烤，
片刻就完成了。

作法→第54頁

貴婦之吻

這是巧克力夾心的義大利餅乾，
名稱的意思為「貴婦之吻〈Baci di dama〉」。
充滿杏仁香的麵團，
用湯匙挖成圓形後烘烤。
這是吃一個就會令人感到很滿足，很幸福的餅乾。

作法→第55頁

3 蘋果棒

這是加了自己做的蘋果乾，
味道酸酸甜甜的餅乾棒。
用烤箱把蘋果烤成半乾狀態。
麥片和蜂蜜的香味濃縮於中，
是旅行時想帶出門的餅乾棒。

作法→第56頁

4 鳳梨奶酥棒

這款餅乾將鳳梨
與加了黑糖的奶酥，
放進模型中壓實烘烤而成。
因為不耐放，
請像蛋糕般盡早品嚐。

作法→第56頁

5 無花果餡餅

這是款直接鎖住營養，
口感扎實的餅乾。
無花果的顆粒嚼感相當討喜，
和肉桂的香氣也很對味。
選用果肉柔軟的無花果，
方便製作。

作法→第57頁

1 法式脆餅

材料〈直徑5cm的餅乾15個份〉

蛋白　1個份
黃砂糖粉　70g
低筋麵粉　30g
美洲胡桃　70g

事先準備

▼美洲胡桃放入平底鍋中用小火乾炒，切粗粒。
▼在烤盤上鋪上烤焙墊。
▼烤箱預熱至160℃。

作法

❶ 在攪拌盆中放入蛋白和黃砂糖粉，用打蛋器繞圈攪拌〈均勻溶解即可〉。篩入麵粉，用打蛋器繞圈攪拌。
❷ 麵團拌勻已無粉末顆粒後，加入美洲胡桃，用橡皮刮刀俐落地混拌。
❸ 用小茶匙舀取一尖匙的麵團，間隔排放在烤盤上，放入160℃的烤箱中烤40分鐘。取出後放在烤盤上冷卻。

美洲胡桃的味道類似沒有澀味的核桃。老實講，這或許是我最喜歡的堅果。將它乾炒後會釋放出甜味，相當美味。＊購自「CUOCA」〈第70頁〉

2 貴婦之吻

材料〈直徑3cm的餅乾13組份〉

低筋麵粉　50g
杏仁粉　50g
黃砂糖粉　20g

鹽　1小撮
菜籽油　2大匙
水　1／2大匙
巧克力　30g

事先準備

▼在烤盤上鋪上烤焙墊。
▼烤箱預熱至170℃。

作法

❶ 在攪拌盆中放入粉類、黃砂糖粉和鹽，用手繞圈混拌。加入菜籽油，用手繞圈混拌→用雙手搓拌混合，讓塊狀麵團變鬆散→加入水，用雙手繞圈混拌，混成一團。

❷ 用小茶匙舀起一大塊麵團，以拇指刮平，間隔排放在烤盤上。放入170℃的烤箱中烤25分鐘，取出後放在烤盤上冷卻。

❸ 將巧克力切碎，隔水加熱〈放在50~60℃的熱水上〉使其變軟融化。取2個餅乾為1組，中間塗上巧克力當夾心。

point

塗上融化的巧克力當夾心，靜置稍涼後就會凝固。

3 蘋果棒

材料〈15×15cm的方形模型1個份〉

麥片 80g
低筋麵粉 10g
肉桂 1／4小匙
泡打粉 1／3小匙
黃砂糖粉 1大匙

菜籽油 3大匙

蜂蜜 2大匙

蘋果 1／2個

事先準備

▼在模型和烤盤上鋪上烤焙墊。
▼烤箱預熱至100℃。

作法

❶ 製作蘋果乾。蘋果去皮挖出果核後，切成5mm厚的片狀，排放在烤盤上放入100℃的烤箱中烤60分鐘，稍涼後切成粗粒。烤箱預熱至160℃。

❷ 將菜籽油和蜂蜜隔水加熱，用橡皮刮刀混拌至蜂蜜溶解。

❸ 在攪拌盆中放入麥片、粉類和黃砂糖粉，用手繞圈混拌。加入❷，用橡皮刮刀如切割般混拌，混合均匀後加入❶，俐落地混拌。放入模型中，用指尖鋪平，放在烤盤上，放入160℃的烤箱中烤35分鐘。稍涼後從模型中取出，用刀切成8~16等份。

蘋果乾原本是在陽光下曬乾製成，不過也可以用烤箱低溫烘烤。請放在冰箱中保存。只有烤半乾而已，所以不耐放，但可加入優格等，有各種享用方法。

4 鳳梨奶酥棒

材料〈15×15cm的方形模型1個份〉

低筋麵粉 80g
核桃 20g
黑糖〈粉狀〉 20g
鹽 1小撮

菜籽油 2大匙
鳳梨〈罐頭〉 2~3片〈100g〉

事先準備

▼核桃放入平底鍋中用小火乾炒後，切碎。
▼鳳梨切粗粒，擠出水分。
▼在烤盤上鋪上烤焙墊。
▼烤箱預熱至170℃。

作法

❶ 在攪拌盆中放入麵粉、核桃、黑糖和鹽，用手繞圈混拌。加入菜籽油，用手繞圈混拌→用雙手搓拌混合，讓塊狀麵團變鬆散→加入鳳梨，用雙手繞圈混拌直到呈現濕潤狀態。

❷ 將麵團邊用手捏碎，邊放入模型中，用指尖輕輕按壓讓麵團貼緊模型。

❸ 放在烤盤上，放入170℃的烤箱中烘烤。接下來的作法和蘋果棒相同。

5 無花果餡餅

材料〈2×6cm的餅乾8個份〉

低筋麵粉 40g
全麥麵粉 10g
黃砂糖粉 10g
肉桂、鹽 各少許
菜籽油 1大匙
水 約少於1大匙
無花果乾〈軟〉100g*
*也可以換成葡萄乾或蜜棗乾

事先準備

▼在烤盤上鋪上烤焙墊。

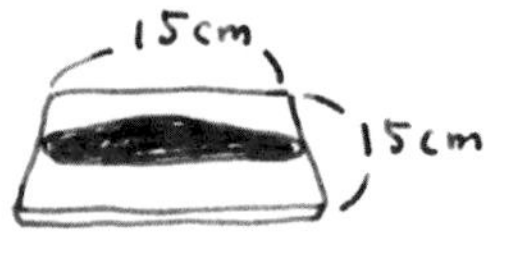

將無花果餡料搓揉成棒狀放在正中央，

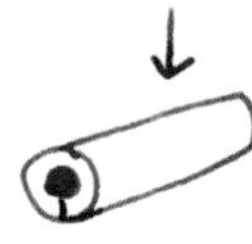

捲包成一圈，

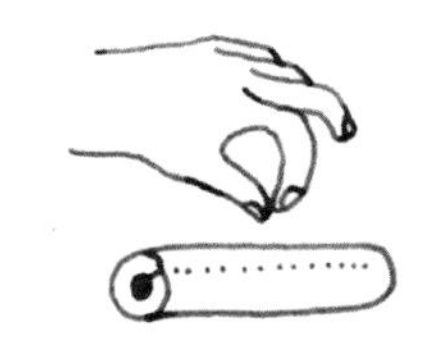

用手指捏合收尾處，

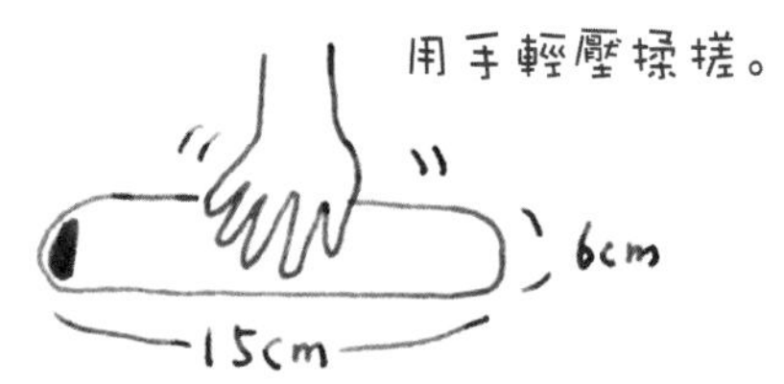

用手輕壓揉搓。

作法

❶ 製作無花果餡料。在小鍋中放入無花果乾，加水蓋過果乾，開中火煮到水份收乾果肉變軟即可。放涼後使用食物調理機，或是用菜刀切成泥狀。烤箱預熱至170℃。

❷ 在攪拌盆中放入粉類、黃砂糖粉、肉桂和鹽，用手繞圈混拌。加入菜籽油，用手繞圈混拌→用雙手搓拌混合，讓塊狀麵團變鬆散→加入水，用雙手繞圈混拌，混成一團。

❸ 用擀麵棍將麵團擀成4mm厚〈約15cm長的方形〉，將無花果餡料揉搓成15cm長的棒狀，放在麵團中央捲包一圈。捏緊收尾處讓麵團確實黏合，用手輕輕按壓，整型成縱6×橫15cm的扁平條狀〈若突然大力按壓，可能會造成麵團破裂、內餡外露，這點請注意〉。

❹ 收尾處向下放在烤盤上，放入170℃的烤箱中烤35分鐘。取出後放在烤盤上冷卻，稍涼後用刀切成個人喜好的大小〈這裡切成8等份〉。

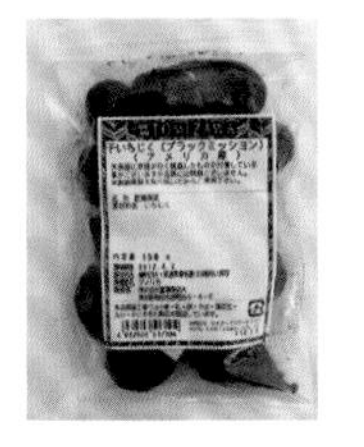

無花果乾從小而硬的類型到果肉柔軟的都有，種類多樣。這次選用方便製成餡料的柔軟類型。
＊購自「CUOCA」〈第70頁〉

6 胡桃焦糖酥餅

這款餅乾在煮得香甜濃稠的糖漿中撒滿堅果製成牛軋醬，再把它淋在餅乾底上烘烤而成。放上整顆大粒的美洲胡桃，請享受胡桃和酥鬆餅乾間，截然不同的口感妙趣。

作法→第62頁

7 玉米片餅乾

玉米片常會剩下吃不完，
不過，我發現可以拿它來做甜點！
香脆的口感深得歡心，
讓人忍不住一片接一片地享用。
堅果或糖漬橙皮等請依個人喜好嘗試看看。

作法↓第63頁

手指餅乾 8

這是打發全蛋製作的餅乾，
其魅力在於柔和的口感。
除了直接吃，或沾取鮮奶油一起享用外，
建議也可以用咖啡浸濕後，
用來取代提拉米蘇的海綿蛋糕。

作法↓第64頁

9 椰子花林糖

這是不油炸，用烤箱製作的烤花林糖。
尾隨香脆口感而來的是淡淡椰香。
是款讓人想裝在大罐子中，隨時備用的甜點。
依喜好在「蜂蜜」中加入芝麻或堅果也很美味。
整型的方法請參考「黑芝麻椒鹽脆餅」〈第78頁〉。

作法↓第64頁

6 胡桃焦糖酥餅

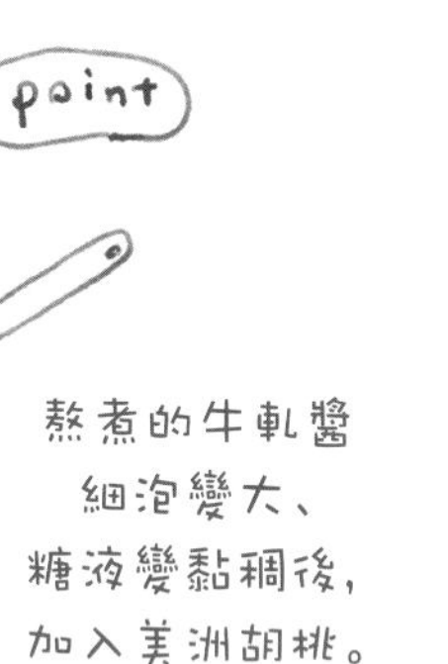

材料〈4×10cm的餅乾10片份〉

低筋麵粉　100g
杏仁粉　20g
黃砂糖粉　20g
泡打粉　1／3小匙
鹽　1小撮
菜籽油　2大匙
水　2大匙

【牛軋醬】
美洲胡桃　120g
黃砂糖粉　40g
楓糖漿　1大匙
菜籽油　1大匙
水　1大匙

事先準備

▼美洲胡桃放入平底鍋中用小火乾炒。
▼配合烤盤大小裁剪烤焙墊。
▼烤箱預熱至170℃。

作法

❶ 在攪拌盆中放入粉類、黃砂糖粉、泡打粉和鹽，用手繞圈混拌。加入菜籽油，用手繞圈混拌↓用雙手搓拌混合，讓塊狀麵團變鬆散↓加入水，用雙手繞圈混拌，混成一團。

❷ 將麵團放在烤焙墊上，用擀麵棍擀成4mm厚〈約為20cm方形〉，用叉子整體均勻地戳出透氣孔。連同烤焙墊一起放在烤盤上，放入170℃的烤箱中烤20分鐘，取出後放在烤盤上冷卻。烤箱預熱至170℃。

❸ 製作牛軋醬。將美洲胡桃以外的所有材料放入小鍋中開中火加熱，一面搖晃鍋子一面讓砂糖融化。當細泡膨脹變大，糖液變濃稠後加入胡桃用木匙混拌，趁熱平倒在❷的餅乾體上〈還有熱度時，自然會流向兩端〉。

❹ 放入170℃的烤箱中烤15分鐘，取出放在烤盤上冷卻，稍涼後用刀切成喜好的大小〈這裡切成10等份〉。
＊完全冷卻後會不好切，請趁尚軟時分切。

7 玉米片餅乾

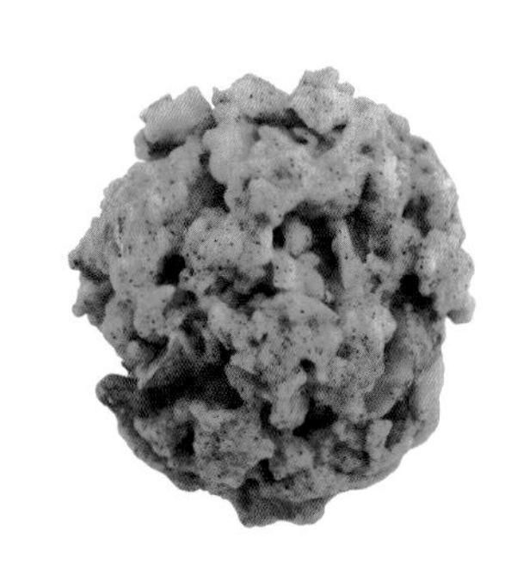

材料〈直徑4.5cm的餅乾16個份〉

低筋麵粉 30g
泡打粉 1／3小匙

菜籽油 2大匙

楓糖漿 2大匙

玉米片 50g
核桃 20g
糖漬柚皮 20g
＊可以換成檸檬或柳橙等任何柑橘類。

事先準備

▼核桃放入平底鍋中用小火乾炒後，切粗粒。
▼玉米片用手輕輕捏碎。
▼糖漬柚皮切粗粒。
▼在烤盤上鋪上烤焙墊。
▼烤箱預熱至160℃。

作法

❶ 在攪拌盆中放入菜籽油和楓糖漿，用打蛋器繞圈混拌。篩入粉類繞圈混拌至沒有粉末顆粒，玉米片、核桃和糖漬柚皮一次全加入，用橡皮刮刀如切割般仔細混拌所有材料。

❷ 用湯匙舀起一匙匙的麵糊，間隔排放在烤盤上。
＊雖然容易裂開，不過烘烤時就會黏在一起，不用擔心。

❸ 放入160℃的烤箱中烤30分鐘，取出後放在烤盤上冷卻。

長大後吃玉米片的機會就變少了。像這樣加到甜點中，會讓人很開心呢。低糖的玉米片，比較適合拿來做甜點＊購自「CUOCA」〈第70頁〉

糖漬柚皮是柚子皮用糖醃漬後的產品。具有柑橘的清爽風味，及柚子皮獨特的微微苦味。請依喜好用柳橙或檸檬等試做看看。＊購自「CUOCA」〈第70頁〉

8 手指餅乾

材料〈2×7cm的餅乾45根份〉

雞蛋　2個
黃砂糖粉　50g
低筋麵粉　60g

事先準備

▼雞蛋的蛋黃和蛋白分開。
▼將夾鏈袋〈如「密保諾Ziploc」等〉的一角剪開約1.5cm寬。
▼在烤盤上鋪上烤焙墊。
▼烤箱預熱至180℃。

作法

❶ 在攪拌盆中放入蛋白用電動攪拌器高速攪打發泡，待蛋白蓬鬆起泡後，分3次加入黃砂糖粉，做出具光澤、挺立的蛋白霜。
❷ 加入蛋黃用打蛋器繞圈混拌，篩入麵粉，用打蛋器由底部往上撈的方式，確實攪拌均勻直到已無粉末顆粒。
❸ 將麵團放入夾鏈袋，在烤盤上間隔擠出7cm長，放入180℃的烤箱中烤12分鐘。取出後放在烤盤上冷卻。

椰奶是將椰子的果肉打碎而成。除了民族傳統料理外，也可以用於甜點製作。因為固體部分容易油水分離，請充分搖勻後再使用。＊購自「CUOCA」〈第70頁〉

9 椰子花林糖

材料〈7cm長的餅乾40根份〉

低筋麵粉　100g
泡打粉　1／3小匙
黃砂糖粉　1大匙
鹽　1小撮
椰奶　60ml
黃砂糖粉　60g
水　2大匙

事先準備

▼在烤盤上鋪上烤焙墊。

作法

❶ 在盆中放入粉類、黃砂糖粉和鹽，用手繞圈混拌。加入椰奶，再繞圈混拌→用手輕輕揉捏成一團，用保鮮膜包好靜置於室溫下30分鐘。
❷ 將麵團擀成7mm厚，切成1cm寬，兩手轉動揉搓成棒狀，切成7cm長。放入已預熱至170℃的烤箱中烤25分鐘。取出後放在烤盤上冷卻。
❸ 在平底鍋中放入黃砂糖粉和水，用中火加熱，煮到濃稠後，放入❷使其均勻裹上糖衣。熄火攪拌，糖衣變白後散放在烤焙墊上，用筷子撥散開使其冷卻。

製作餅乾時的「疑難」諮詢室

到目前為止，不只是工作室，在全國各地都設有餅乾教室。
以在教室遇到的問題為基礎，
試著開闢「紙上諮詢室」，
希望能讓大家製作出更美味的餅乾。
今天要為各位解答疑問的是中島諮詢師。

麵團無法黏結成團…

A.

原因有以下幾項，

・麵粉會因氣候或保存方法的不同，容易改變狀態，如果太乾燥，依食譜水量製作時會發生不易黏結成團的情況。這時，請每次少量地補充水份〈參考第13頁〉。

・經過「不用過篩也可以」加工作業的低筋麵粉，依食譜份量製作時會發生不易黏結成團的情形。請改用普通的低筋麵粉。

・有可能是加入的油量不夠準確。計算油量時，請將一大匙的容量裝滿一平匙，用手指確實刮乾淨，加得一滴也不剩。

・用手搓拌油的作業不足，導致粉粒殘存，就會發生依食譜水份製作卻不易黏結成團的情況。請確實將所有麵粉搓拌至濕潤。

烤好的餅乾太硬了…

A.

最大的原因在於揉捏過度。還不習慣時，就會一面看著麵團狀態，一面多次揉捏，結果，烤出過硬的餅乾。經常做麵包的人，可能也會不自覺地用手掌根部壓緊麵團。以輕輕不揉捏的方式俐落地將麵團拌成團，黏結成團後就不要再揉。此外，撒上手粉，或是添加必要份量以外的水也會讓餅乾變硬。

可以做比食譜多上幾倍的份量嗎？

A.

當然可以。這時，請將所有材料的份量加倍，只有水份視情況添加。烘烤時間及溫度不變。不過，份量突然增加的話，會覺得搓拌麵粉和油、加入水的作業變得不好做，無法順利進行。請先以2倍的份量試做，習慣熟練後，再做3倍份量等這樣的方法漸進式增加比較好。此外，烤箱太小的話，即便製作很多，也無法立刻烘烤，麵團放久後，色澤和口感會變差。盡量每次依食譜份量，重複製作，我認為這是最美味的餅乾製作法。

可以增減油量嗎？

A.

依照食譜製作，最容易也最美味。增加油量的話，麵團烤好後會變得非常酥鬆，酥鬆到卡在口中吞不下去，或是產生油膩感。相反地減少油量，結果加入較多水份，造成烤好的餅乾太硬，或是中心沒有烤透等情況。要做出美味的餅乾，放入比例均衡的油和水是很重要的。請務必依照食譜製作。

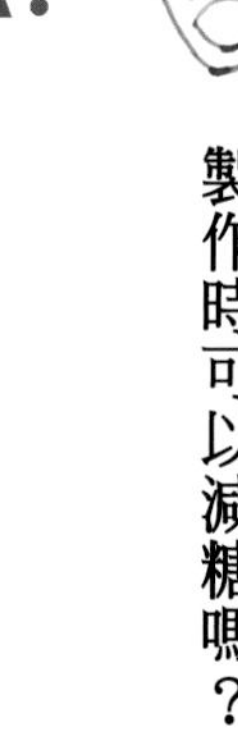

製作時可以減糖嗎？

A.

建議先按照食譜製作。覺得太甜時，不要一口氣就減少1／2~1／3，請每次少量地調整。砂糖可以讓麵團變軟，也有烤出美味色澤的效果，一旦減量，有可能做不出平常時的餅乾。關於砂糖的種類，可以用甜菜糖或其他糖粉取代黃砂糖粉。不過，甜菜糖的甜味比較不明顯，因此請試著多加一些。另外，因為顆粒狀糖粉不容易融入麵團中，未溶解的部分會有沙沙的口感。請先了解當使用其他糖粉時，因為水份含量及質感等的差異，無法做出和黃砂糖粉一樣的成果。

為什麼要加鹽？

A. 加鹽可以提出素材本身的甜味，具有調整整體味道的效果。因為不是要做出鹹味，通常只添加少許，只有1小撮。另外鹽也有幫助吸收消化穀物或堅果油分的效果。請盡量不要使用精鹽，選用海水製成的海鹽。

麵團使用的水份，豆奶和水的差異為何？

A. 使用豆奶當作水份時，可以讓烤好的薄片餅乾變得香脆，或是增加麵團整體的甜味及濃郁度。在材料的組合搭配中，有些用起來會讓人覺得和豆奶對味嗎？當然，這時用水取代也沒關係。相反地，用水製作的配方也可以改用豆奶，不過，請先依配方製作過後再嘗試替換。豆奶請務必選用成分無調整〈沒有加糖或調味〉的產品。

為什麼要加泡打粉？

A. 就我而言，在餅乾中加入泡打粉的理由，不是像製作瑪芬或司康般，要讓麵團膨脹。添加少許泡打粉，比較容易烤透，有產生酥鬆口感的效果，因此，當使用不易烤透的素材，或是想做出樸素的口感時就會添加利用。話雖如此，但泡打粉畢竟是食品添加物，平常盡量避免使用，使用時也要留意減少用量。另外，要選用無鋁泡打粉。

Q. 麵團可以冷凍嗎？

A. 用植物油製作的麵團，隨著時間經過，表面會滲出油，烘烤後的口感和色澤會變差。不管是置放於常溫下，冰箱或是冷凍庫都一樣。因此，不建議冷藏或冷凍保存。當然，為了讓冰箱餅乾易於切取，將麵團冷凍約30分鐘，或是手邊有事，暫時擱置約30分鐘~1小時，這都是沒問題的。但還是建議盡量做好後立刻烘烤。

Q. 按照食譜製作，卻烤焦了。沒有烤上色…

A. 首先，最重要的是要了解自家烤箱的性能。依食譜試做了好幾次，我家烤箱烤出來的餅乾只有上面烤焦，或是，依食譜時間烘烤，中心卻沒有烤透等，我認為要先弄清楚這些問題。餅乾上面烤焦的人，可以在烘烤途中，蓋上鋁箔紙，或是調低溫度。餅乾沒有烤透的人，可以試著再烘烤10分鐘，或是將溫度提高10℃等，找出對策。

Q. 可以用食物處理機製作麵團嗎？

A. 麵團加油搓拌時是可以的。放入粉類輕輕攪拌，加入油後，嘎、嘎地攪打幾次讓油均勻融入麵粉中。如果攪打太久的話，麵粉的溫度會升高，產生麩質，因此請盡量減少攪打次數。不過，加水時使用食物處理機的話，瞬間就會讓麵團變得過軟，很難調整，因此請拿到攪拌盆中再加入水混拌。

Q. 餅乾可以保存幾天？保存的方法是？

A. 完全烤透水份已蒸發的餅乾，若放在有乾燥劑〈矽膠〉的袋子中密封，因為不容易發霉，就算超過1個月也不至於無法食用。但，畢竟烤好後隨著時間經過，食材的風味與美味也會逐漸流失。說到享用時機，最好是烤好後盡早吃完。餅乾最怕受潮，請用放了乾燥劑的袋子、罐子、瓶子等確實密封，並保存於陽光直射不到的室內陰涼場所。

Q. 要選擇哪種烤箱？

A. 我在店中使用的是，林內的旋風式瓦斯烤箱「RCK-10M」〈上圖／目前已停產〉和其改款產品「RCK-10AS」。「旋風對流」可以藉著熱風循環的結構蒸發水份，適合想烤出酥脆的甜點，特別是餅乾等。另外，因熱風循環，不會烤色不勻也是其特色之一。另一台在我家使用的是迪朗奇的電子旋風式烤箱〈12.5公升／下圖〉。因為這台也有熱風循環，就我所知是家用電烤箱當中，能將餅乾烤得最成功的機種。雖然容量看起來很小，但不管是直徑17cm的戚風蛋糕還是蛋糕捲都能烤喔。

製作餅乾的基本材料為麵粉、油和甜味。
再將其與不同口味的材料組合起來。
選用時的重點除了優質且美味外，我認為價格便宜也很重要。
請以我使用的材料當作參考，找出屬於各位的「美味靈感」。

油

油是製作甜點的重要食材，我使用菜籽油。選用的基準是喜不喜歡這個味道。我使用會津平出油屋的菜籽油〈中間圖片〉。使用日本產的油菜籽精心榨製，相當美味，也適合用來烹飪。鹿北的「菜籽油田」〈右圖〉，沒有特殊氣味，推薦給新手使用。要容易取得的話，可以用太白芝麻油〈新鮮芝麻榨成的無色透明油品〉。因為油容易氧化，請購買小瓶裝趁新鮮用完。菜籽油皆購自★

鹽

請選擇用海水製成，能感受到其風味的產品。若是含有水分，潮濕的類型，建議放在平底鍋中用小火乾炒，炒至乾燥鬆散後使用。使用精鹽時，依食譜分量製作可能會覺得太鹹，請留意調整。

砂糖

請選擇能被身體慢慢吸收，精製度低的產品。黃砂糖粉是任何甜點都能使用的萬用產品。黑砂糖是濃郁、風味強烈的產品。為活用其特性，大多和巧克力或堅果搭配使用。若有結塊，請用研磨缽等細細碾碎後使用。皆購自★

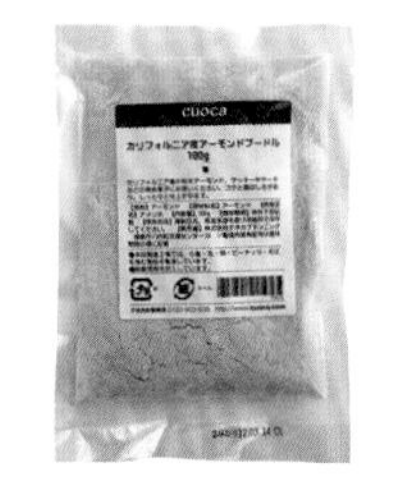

杏仁粉

杏仁粉是研磨杏仁製成的粉狀物，想要更突顯出杏仁風味時選用帶皮的杏仁粉，一般使用上則是用去皮的類型〈如圖〉。只要用它取代部分麵粉，就可以產生濕潤口感和濃郁風味，因此，對於不加奶油的甜點而言，是不可或缺的存在。請挑選無添加玉米粉等的產品使用。★

低筋麵粉

這是佔了材料大部分比例的食材，因此格外重要。我使用日本產的麵粉，不必擔心防霉劑（Postharvest）（為防止運輸途中腐壞或蟲害，在收割後噴灑的農藥）。通常是用「Doice」，以北海道的麵粉為主。這款麵粉的蛋白質含量比國外進口的高，雖說不易蓬鬆發起，但會讓戚風蛋糕等變得濕潤，用來做餅乾的話，可以充分品嚐到麵粉的風味，我很喜歡。★

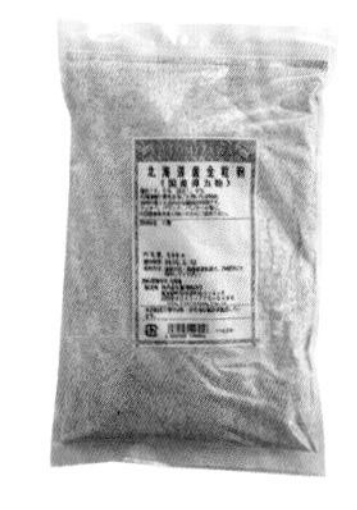

全麥麵粉

〈whole wheat flour〉

我使用富澤商店的「北海道產全麥麵粉」〈低筋麵粉型〉。稍微粗碾的類型，可以享受到麵粉的風味。本書中的食譜用粗磨全麥麵粉〈graham flour〉代替的話，會產生強烈的香味，這點請注意。不知道是否為低筋麵粉類型時，請參考包裝上註明的用途〈甜點用非麵包用〉。

＊購自「富澤商店」http://www.tomizawa.co.jp　TEL：042-776-6488

★的購買處為「Cuoca」http://www.cuoca.com/ TEL：0120-863-639

關於材料

可可

我使用沒有任何添加物的「純可可粉」。顆粒細緻，所以容易結塊，若不放心，請先搖勻後再加入使用。因為容易受潮，開封後請密封，趁早使用完畢。★

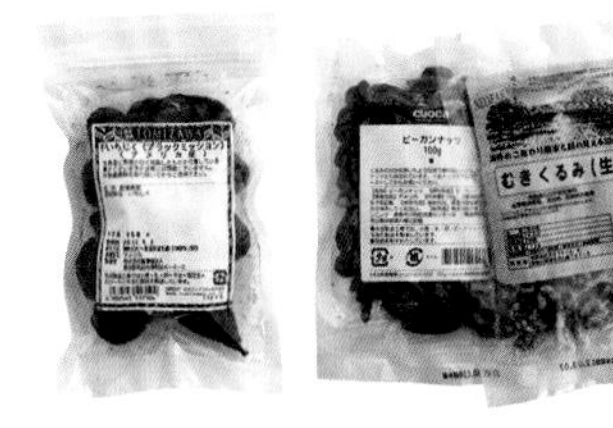

水果乾和堅果

在陽光下盡情沐浴過的水果乾和堅果，為天然風味的甜點帶來濃醇美味。請選用不添加油、砂糖和鹽等的產品。堅果用平底鍋小火乾炒或放入150℃的烤箱中烤10分鐘後使用，更添風味及口感。堅果購自★

花生醬

建議選用無甜味的花生醬，製作甜點或料理時都可以使用。食譜中用的是有顆粒的花生醬，如果手邊沒有的話，也可以在無顆粒的產品中加入切粗粒的花生後使用。★

巧克力

我使用不加乳製品的公平貿易有機苦巧克力。不需要買甜點專用的產品。使用平常覺得美味的零食巧克力片來製作就夠了。可以刷刷地切成巧克力豆或是切細融解後使用。★ ＊春夏兩季停售。販售期間為11月～售完為止。

楓糖漿

天然風味的甜點味道比較清淡，只要加入少量的楓糖漿，就能讓麵團變濕潤，帶來濃郁風味。初榨的淺琥珀色產品，色澤和味道均屬上乘，價格也貴，建議不要加熱直接使用。其次是中等琥珀色產品，色澤和味道也比較濃。製作甜點用的是口味均衡度佳的中等琥珀色楓糖漿。我喜歡用加拿大「Citadelle」的產品。★

豆奶

我使用以非基因改造的大豆製成，無添加其他成分的豆奶。請盡量選擇有機產品。本書中使用水和豆奶兩者作為水份，但用豆奶製作，能使風味更濃郁，烤出更酥脆的餅乾。話雖如此，若家裡沒有購買存放時，用水取代也沒關係。

泡打粉

選用無鋁產品，及因為這是添加物，要留意盡量減少用量。其實泡打粉的新鮮度很重要，開封長期不用者會影響甜點的蓬鬆度。順帶一提，我是為了讓餅乾容易烤透，烤出鬆脆口感才使用泡打粉。而且，用量也極少。
＊購自「富澤商店」〈參考右頁〉

關於用具

說得極端一點，製作餅乾沒有工具也可以。
有的話會讓作業變得順利又輕鬆，
我只備齊讓餅乾烤得漂亮的用具。
希望盡量不要增加用具，所以只使用少數精心挑選過的。
盡可能選購烹調料理時也能使用的工具。

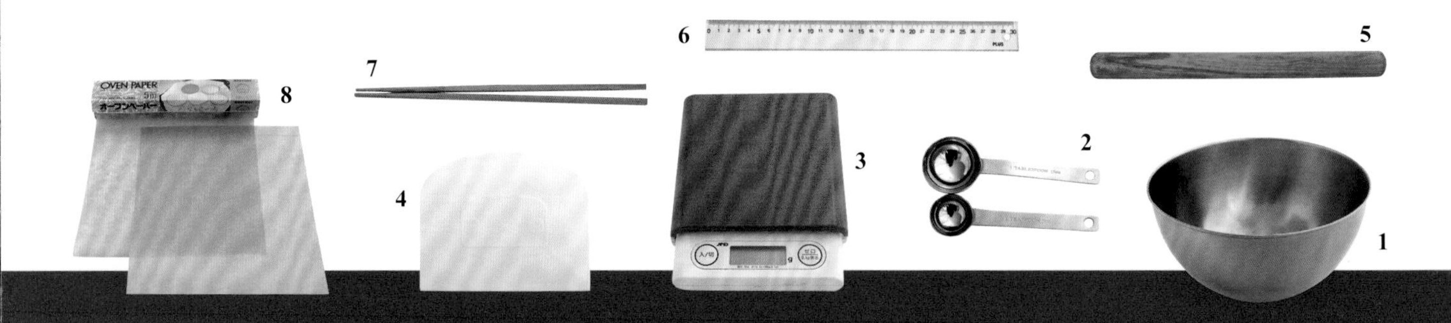

7. 筷子

為了將麵團擀成相同厚度，雖然有不銹鋼板或是木板可用，但當我思索著有沒有其他變通又有效的方法時，想到了筷子。將筷子放在麵團兩邊，只要從上方滾動擀麵棍，就能擀出喜歡的厚度。圖片是無印良品的普通筷子。我做的餅乾多數為4mm厚，可以用來擀出這個厚度。

8. 烤焙墊

烤焙墊有紙製和在玻璃纖維上做氟素樹脂加工，可清洗重複使用的類型〈「法國Matfer烤墊」★〉。在店裡也會用來做蛋糕等模型的墊紙，雖然是用紙製烤焙墊，但不會用一次就丟，拿刮板刮掉油汙，用到紙變縐為止。
★購自「Cuoca」〈第70頁〉

4. 刮板〈card〉

又稱做「刮刀〈scraper〉」或「dredge」。是塑膠或矽膠製成，像木鏟的用具。可用來刮取攪拌盆中的麵團，切割麵團而不損害它。使用硬度略為柔韌的刮板，比較容易作業。

5. 擀麵棍

擀麵團時使用的棍子，我用木製產品。長度約比自己的肩寬短一些，粗細約為用手握緊時可以抓住的大小，我認為這樣比較好施力且方便使用。

6. 尺

有一把甜點專用的尺，是非常方便的。食譜中寫的「Omm厚」是有意義的，我覺得這樣的厚度最容易做，也最美味。用尺測量，依食譜所寫的厚度、長度製作的話，我認為應該就能大幅減少沒有烤透或是烤焦的情況發生吧。

1. 攪拌盆

使用直徑約20cm，具一定深度，雙手正好可以放入，作業方便的攪拌盆即可。我平常使用柳宗理，直徑23cm的不銹鋼攪拌盆。

2. 量匙

建議不論是一大匙或一小匙，都要有足夠的厚度和深度。薄且口徑寬的湯匙很難看清份量。我通常使用無印良品的產品。現在，好像沒有販售同樣的產品，不過有湯匙部分類型相同的量匙。

3. 電子秤

電子秤最近相當容易就能買到，這是一定要具備的用具之一。只要有它，量測變得不麻煩，覺得製作甜點的難度下降許多。以1g為單位，能夠量到1kg就夠用了。

工作室日誌 餅乾盒的製作過程

在我的工作室兼店面「foodmood」中，
每位工作人員每天都會把餅乾裝袋成盒。
今天就把工作流程偷偷地介紹給大家！

開始

8:45

騎車到工作室

我家離工作室騎腳踏車約5分鐘，因此在晴朗的天氣，總是騎車通勤。一面在腦袋中建構今天整日的製作流程，一面踩著腳踏車，一下子就到了。

泡茶、幫植物澆水

8:50

到了之後，先用水壺燒水泡茶。倒滿保溫壺。工作室裡備有各種茶葉，每天交替著泡，有時是南非茶，有時是焙茶。

9:00

放片喜歡的CD，開始製作餅乾

我一個人做餅乾時，不放音樂，但若是有同事一起做，就會聽CD或是廣播。選擇能提升大家情緒〈不過好像太嗨了？〉的歌曲。

11:00

工作室開始營業

開始營業後，客人就非常多，是一天最忙的時段。架上陳列著剛烤好的司康和瑪芬。所有工作人員都忙得團團轉。

目前正在接待客人

10:50

工作室準備開店

拉開百葉窗，俐落地清掃店面周圍，準備開店。因為是像豆腐店般從窗戶把商品交給客人，所以有特製的呼叫鈴。

餅乾製作中

10:00

餅乾
慢慢出爐了

一定要試吃

然後咕嚕咕嚕地喝茶

等餅乾完全冷卻後一定要試吃。檢查因當天天氣或水份增減造成的些微味道差異，及是否有材料忘記加入。每次吃完都要喝茶以清除口中味道，再試吃下一片。

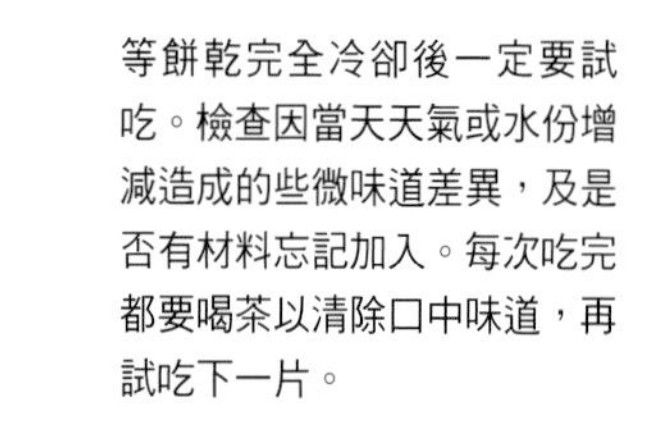

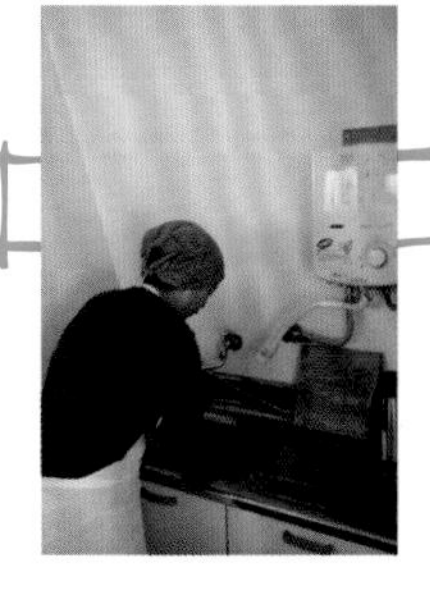

12:15

洗米準備伙食

等客人離開，告一個段落，最後一批餅乾送進烤箱後，開始煮工作室伙食的米飯〈午餐〉。米是新瀉老家自種寄來的。

13:00

快速地用午餐

工作室的伙食是用鐵鍋煮的米飯和一些常備配菜，很快就用完餐。不知為何，餅乾也像配菜般擺在一旁。

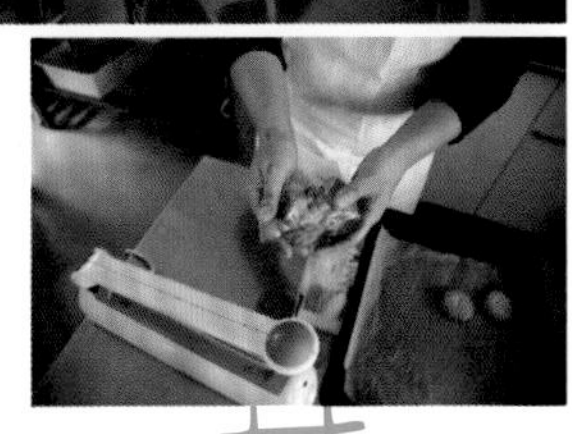

再開始工作
主要為餅乾裝袋

午餐後是烤好的餅乾裝袋作業。笨手笨腳的我，這項工作大部分都是拜託同事做，應該吧。

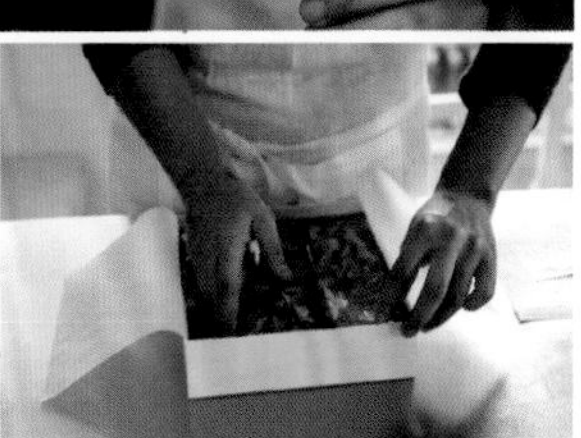

15:00

工作室關門
餅乾裝盒作業

將所有餅乾交到顧客手上後，今天的營業也結束了。最後的工作是把裝袋的餅乾放滿盒子。

終點！

PART ③ 鹹餅乾

我本來是嗜吃甜食的人，不曾想製作什麼鹹餅乾！
但給不愛甜食的男性來點下酒菜，會讓他們很開心，
因此不知不覺中，會做的鹹餅乾種類就變多了。
和甜餅乾的作法非常類似，請一定要記住喔。

1 酒粕鹹餅乾

這款餅乾烘烤時，散發出起司般的香味。
建議趁餅乾微溫時品嚐。
因為鹹餅乾沒有加糖，烤後的口感酥鬆，
卻也會讓人覺得卡在口中吞不下去。
為了消除這種感覺，多加些水做成柔軟的麵團，
以方便食用。

材料〈1.5×8cm的餅乾32根份〉

低筋麵粉　100g
鹽　1／4小匙
酒粕〈軟〉　20g
菜籽油　2大匙
水　2又1／2大匙

0 事先準備

・在烤盤上鋪上烤焙墊。
・烤箱預熱至160℃。

1 製作麵團

在攪拌盆中放入麵粉和鹽，如洗米般用手繞圈混拌。麵粉充滿空氣，變得鬆散輕盈即可。

加入酒粕和菜籽油〈用手指將殘留在湯匙上的油完全刮入〉，用手指一面將酒粕弄散一面用手繞圈混拌。

若麵粉和油的結塊已變得鬆散，用雙手搓拌讓塊狀麵團變得細碎鬆散。

油融入麵粉後，均勻地淋上水，用手繞圈混拌。
＊變成黏稠狀態即可。

取出放到工作台上，用刮板切對半，
＊為了讓麵團呈現光滑狀態。

上下重疊，

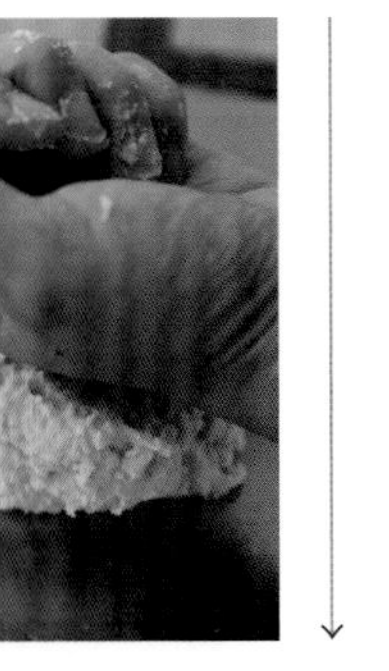

用手背輕輕按壓使其融合。一面將麵團的方向每次轉90度，一面重複這樣的作業3~4次，使其光滑黏結成團。

2 整型

用擀麵棍擀成2mm厚〈約縱20×橫25cm〉，以尺〈或刮板〉橫向切半後切成1.5cm寬。

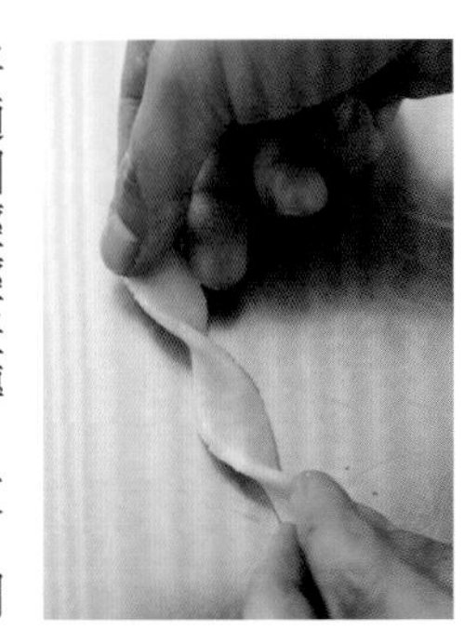

將麵團輕輕扭轉1次，間隔排放在烤盤上。

3 烘烤

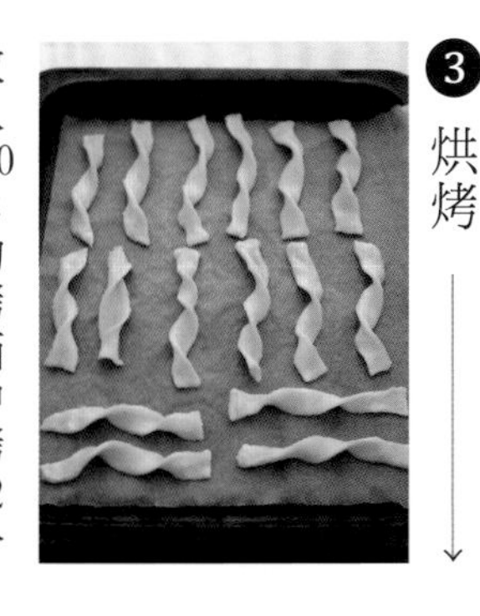

放入160℃的烤箱中烤22分鐘，直到呈現淡淡烤色。取出後放在烤盤上冷卻。
＊因為容易烤焦，請邊留意餅乾狀態。

2 黑芝麻椒鹽脆餅

椒鹽脆餅〈Pretzel〉就像是香脆細長的鹹餅乾，對吧！這種餅乾的作法與其他甜餅乾和鹹餅乾都不同。不搓拌麵團，即便是要揉捏也可以。讓麵團稍微靜置後，擰成條狀烘烤，做出口感香脆的椒鹽脆餅！

材料〈20cm長的餅乾25根份〉

低筋麵粉 100g
黑芝麻粒 20g
泡打粉 1／4小匙
鹽 1／4小匙
菜籽油 1大匙
豆奶〈原味無糖〉 50ml

0 事先準備

・在烤盤上鋪上烤焙墊。

1 製作麵團

在攪拌盆中放入麵粉、黑芝麻、泡打粉和鹽，如洗米般用手繞大圈混拌所有材料。

菜籽油〈用手指將殘留在湯匙上的油完全刮入〉和豆奶一次全加入，

如洗米般用手繞圈混拌。沒有粉狀顆粒後，

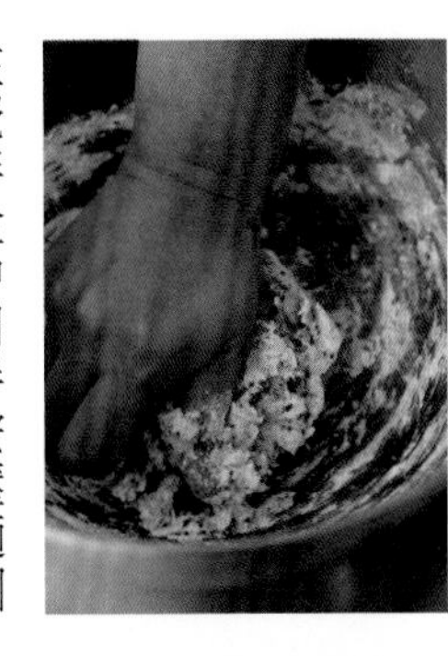

在攪拌盆中用手按壓麵團的方式，輕輕揉捏。

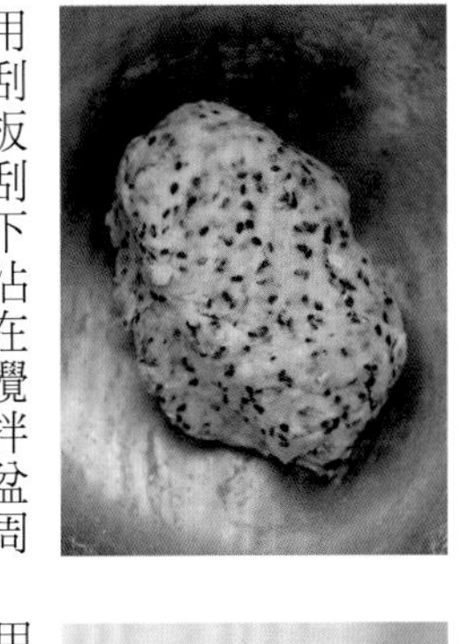
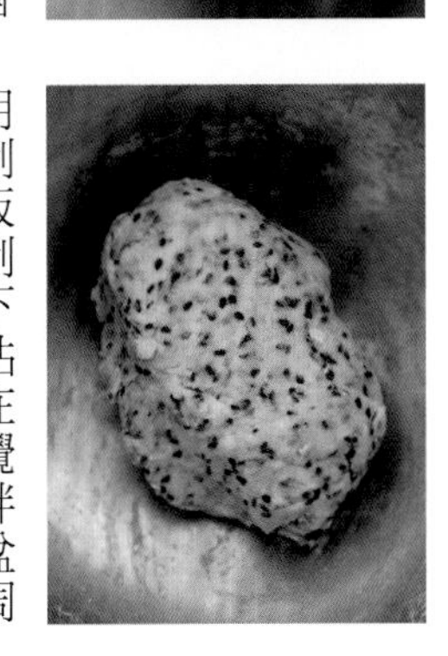

用刮板刮下沾在攪拌盆周邊的麵團，混成一團。

2 靜置

用保鮮膜包好，靜置於室溫下30分鐘〈高溫季節請放入冰箱〉。烤箱預熱至170℃。

3 整型

將麵團放在工作台上，用擀麵棍從中央往前、中央往後地滾動，擀成4mm厚〈約縱15×橫25cm〉。

用尺〈或刮板〉切成1cm寬，

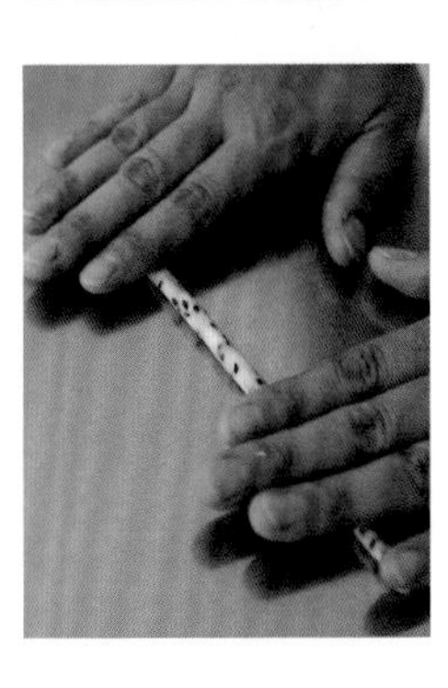

用兩手轉動搓成20cm長。

4 烘烤

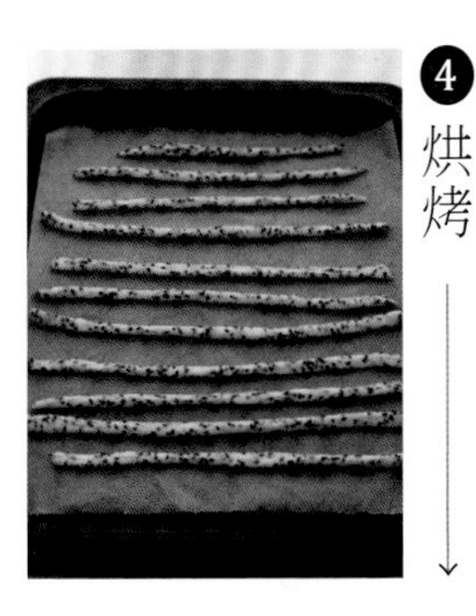

間隔排放在烤盤上，放入170℃的烤箱中烤25分鐘，直到呈現淡淡烤色。取出後放在烤盤上冷卻。

3 咖哩鹹餅乾

在麵粉中摻入咖哩粉，用洋蔥泥做所需水份。
烘烤過程中，洋蔥的甜味會慢慢滲出，
與美味的咖哩合而為一。
因為加了少許薑黃，
色澤也呈現出漂亮的咖哩黃。

作法↓第84頁

4 柚子胡椒鹹餅乾

我家有很多柚子胡椒，
但每次都只用一點點，很難減少份量。
決定拿來試做鹹餅乾，
居然相當美味，便又做了好幾次。

作法→第85頁

5 玉米鹹餅乾

這是用玉米麵粉製作的餅乾。
只有這款鹹餅乾加入少許砂糖，
這樣更能突顯出玉米香味。
建議搭配莎莎醬一起享用。

作法→第85頁

6 羅勒鹹餅乾

這款餅乾加了大量自製的羅勒醬。
從烘烤時起，羅勒味就香得不得了。
加入杏仁粉代替松子，
風味更加濃郁。

作法→第86頁

7 番茄橄欖棒

淡淡的番茄香味，和黑橄欖顆粒的鹹味非常對味。
口感和義大利麵包棒很類似，
除了當點心外，也是很適合搭配紅酒等的下酒菜。

作法↓第87頁

3 咖哩鹹餅乾

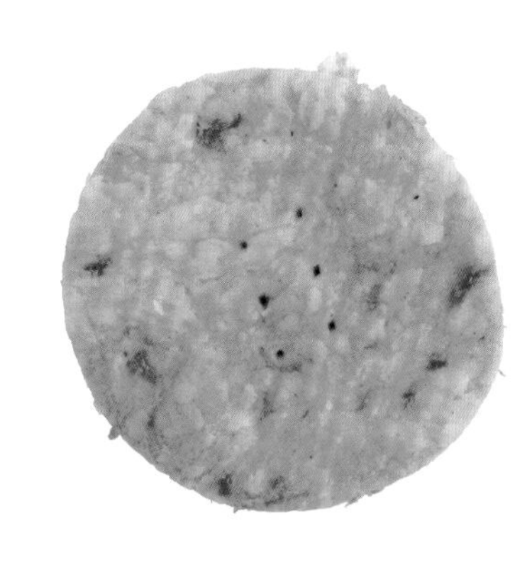

材料〈直徑5cm的圓模14片份〉

低筋麵粉　100g
咖哩粉　1／2小匙
薑黃粉〈若有的話〉　少許
鹽　2小撮
菜籽油　2大匙
洋蔥　1／4個

事先準備

▼洋蔥磨成泥，取2又1／2大匙備用。
▼在烤盤上鋪上烤焙墊。
▼烤箱預熱至170℃。

point

洋蔥磨成泥時，不用切掉蒂頭，洋蔥比較不會散開方便作業。

作法

❶ 在攪拌盆中放入麵粉、香辛料和鹽，用手繞圈混拌。加入菜籽油，用手繞圈混拌→用雙手搓拌混合，讓塊狀麵團變鬆散→加入洋蔥泥，用手繞圈混拌。

❷ 取出麵團放到工作台上，用刮板切對半重疊，用手背輕輕按壓。一面將麵團的方向每次轉90度，一面重複這樣的作業3~4次，使其光滑黏結成團。

❸ 用擀麵棍將麵團擀成2mm厚，用模型切取，以叉子戳出透氣孔。間隔排放在烤盤上，放入170℃的烤箱中烤25分鐘。取出後放在烤盤上冷卻。

我家的咖哩不用咖哩塊，多用咖哩粉來煮，一找到看起來很美味的品牌咖哩粉，就會忍不住地買回家。照片中是印地安〈Indean〉食品公司的產品。

薑黃又稱黃薑。鮮豔的黃色主要用來呈現咖哩的色澤。咖哩粉中一定會加薑黃粉，不過為了更突顯色澤，還是單獨加了少許製作。

4 柚子胡椒鹹餅乾

材料〈5cm長的三角形餅乾40片份〉

低筋麵粉 100g
菜籽油 2大匙
柚子胡椒 1／2～2／3小匙
水 2又1／2大匙

事先準備

▼配合烤盤大小裁剪烤焙墊。
▼烤箱預熱至170℃。

作法

❶ 在盆中放入麵粉，用手繞圈混拌。加入菜籽油和柚子胡椒，繞圈混拌→用雙手搓拌混合→加入水用手繞圈混拌。

❷ 取出麵團放到工作台上，用刮板切對半重疊，用手背輕輕按壓。一面將麵團的方向每次轉90度，一面重複這樣的作業3～4次，使其光滑黏結成團。

❸ 將麵團放在烤焙墊上，用擀麵棍擀成2mm厚〈縱20×橫25cm〉，用刮板在縱、橫每5cm處切出切痕，再斜向分半切出切痕，成為三角形。

❹ 連同烤焙墊以170℃烘烤25分鐘。取出放在烤盤上冷卻，後沿切痕掰開。

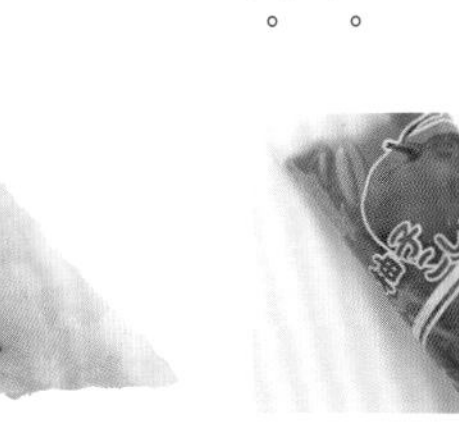

柚子胡椒是將青柚子的皮、鹽和青辣椒混合製成的產品。散發出辣味與柚子清爽的香味。各品牌添加的鹽份不同，請視情況使用。

用刮板在5×5cm處切出切痕，

每片再斜向對分切出切痕。

25cm
20cm
5cm
5cm

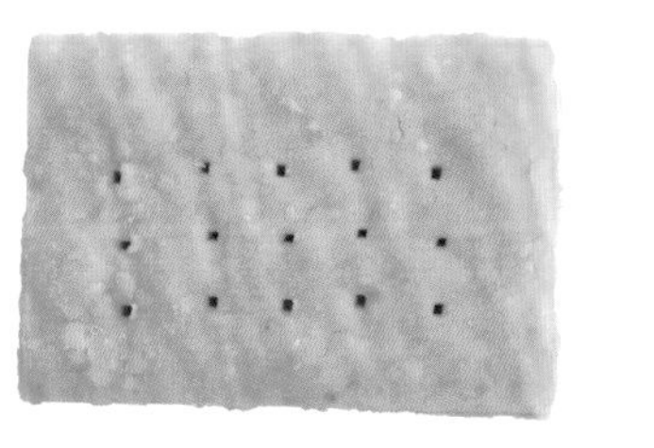

point

25cm
20cm
7cm
5cm

用刮板在縱向5等份×橫向3等份處切出切痕。

玉米粉是玉米烘乾碾製後的產品。依碾製法的不同有玉米粉〈cornmeal〉和玉米澱粉〈cornstarch〉等，不過餅乾是使用顆粒最細的玉米麵粉〈cornflour〉。＊購自「CUOCA」〈第70頁〉

5 玉米鹹餅乾

材料〈5×7cm的餅乾15片份〉

玉米麵粉 70g
低筋麵粉 30g
黃砂糖粉 1／2大匙
鹽 1／4小匙
菜籽油 2大匙
水 2又1／2大匙

事先準備

▼配合烤盤大小裁剪烤焙墊。
▼烤箱預熱至170℃。

作法

❶ 在攪拌盆中放入粉類、黃砂糖粉和鹽，用手繞圈混拌。加入菜籽油，用手繞圈混拌→用雙手搓拌混合→加入水用手繞圈混拌。

❷ 麵團放到工作台上，用刮板切對半重疊，用手背輕輕按壓。一面將麵團的方向每次轉90度，一面重複這樣的作業3～4次，使其光滑黏結成團。

❸ 將麵團放在烤焙墊上，用擀麵棍擀成2mm厚〈縱20×橫25cm〉，用尺或刮板縱向分5等份、橫向分3等份切出切痕，用叉子戳出透氣孔。

❹ 連同烤焙墊以170℃烘烤25分鐘。取出後放在烤盤上冷卻後沿切痕掰開。

6 羅勒鹹餅乾

材料〈2.5cm的方形餅乾80片份〉

低筋麵粉 100g
鹽 1／4小匙
羅勒醬 3大匙
水 2又1／2大匙

事先準備

▼配合烤盤大小裁剪烤焙墊。
▼烤箱預熱至170℃。

【羅勒醬的作法】〈容易製作的份量〉
將羅勒葉30g、杏仁粉20g和菜籽油90ml一起放入果汁機中攪打成泥狀〈或是用研磨缽〉。這樣約做出9大匙份量。

作法

❶ 在攪拌盆中放入麵粉和鹽，用手繞圈混拌。加入羅勒醬，用手繞圈混拌↓用雙手搓拌混合，讓塊狀麵團變鬆散↓加入水用手繞圈混拌。

❷ 取出麵團放到工作台上，用刮板切對半重疊，用手背輕輕按壓。一面將麵團的方向每次轉90度，一面重複這樣的作業3~4次，使其光滑黏結成團。

❸ 將麵團放在烤焙墊上，用擀麵棍擀成2mm厚〈縱20×橫25cm〉，用尺〈或刮板〉在縱、橫各2.5cm處切出切痕，用叉子戳出透氣孔。

❹ 連同烤焙墊一起放在烤盤上，放入170℃的烤箱中烤25分鐘。取出後放在烤盤上冷卻，稍涼後沿切痕掰開。

用果汁機攪打成泥狀，
完成羅勒醬。

point

用刮板在
2.5 x 2.5cm處
切出切痕。

25cm
20cm
2.5cm
2.5cm

羅勒醬是用羅勒、松子、大蒜、起司和油製成，不過這次簡單地用羅勒和油，然後，因為是要做甜點，就加入杏仁粉。同樣散發出濃郁美味。

7 番茄橄欖棒

材料〈20cm長的餅乾25根份〉

低筋麵粉　100g
泡打粉　1／3小匙
鹽　2小撮
菜籽油　1大匙
水煮番茄罐頭　60g
黑橄欖　4顆

事先準備

▼水煮番茄用食物處理機攪打，或是用濾網過篩成泥狀。
▼黑橄欖切碎。
▼在烤盤上鋪上烤焙墊。

作法

❶ 在攪拌盆中放入粉類和鹽，用手繞圈混拌。將菜籽油、番茄和黑橄欖一次全加入，用手繞圈混拌→混合均勻已無粉末顆粒後，用手輕輕揉捏成一團，用保鮮膜包好靜置於室溫下30分鐘。烤箱預熱至170℃。

❷ 用擀麵棍將麵團擀成4mm厚〈約縱15×橫25cm〉，用尺〈或刮板〉切成1cm寬，兩手轉動揉搓成20cm長。

❸ 間隔排放在烤盤上，放入170℃的烤箱中烤25分鐘。取出後放在烤盤上冷卻。

黑橄欖使用市售的水煮罐頭。不要用裡面還有果核的類型，只留果肉的橄欖使用起來比較方便。

PROFILE

中島志保 (Nakashima Shiho)

1972年生於日本新潟縣。曾任職於唱片公司、出版社，基於越南料理店、有機餐廳的工作經驗，進而成為料理家。2006年以「foodmood」為名，成立採用對身體無負擔的食材製作甜點的工房。目前活躍於各種料理活動與講座等。著作包括《低熱量戚風蛋糕　天天吃也不發胖！》、《無奶油小餅乾，當飯吃也零負擔！》、《無奶油瑪芬蛋糕：當正餐也超健康!》〈均瑞昇文化出版〉，《這是點心喔》《這是主食喔》〈均文藝春秋發行〉等。

http://foodmood.jp/

TITLE

無奶油甜鹹餅乾 低卡少糖也好吃！

STAFF

出版　瑞昇文化事業股份有限公司
作者　中島志保
譯者　郭欣惠

總編輯　郭湘齡
責任編輯　黃思婷
文字編輯　黃美玉
美術編輯　謝彥如
排版　沈蔚庭
製版　大亞彩色印刷製版股份有限公司
印刷　皇甫彩藝印刷股份有限公司
法律顧問　經兆國際法律事務所　黃沛聲律師

戶名　瑞昇文化事業股份有限公司
劃撥帳號　19598343
地址　新北市中和區景平路464巷2弄1-4號
電話　(02)2945-3191
傳真　(02)2945-3190
網址　www.rising-books.com.tw
Mail　resing@ms34.hinet.net

本版日期　2015年7月
定價　220元

國家圖書館出版品預行編目資料

無奶油甜鹹餅乾：低卡少糖也好吃! / 中島志保作；郭欣惠譯. -- 初版. -- 新北市：瑞昇文化, 2015.05
88　面；22 X 21　公分
ISBN 978-986-401-015-8(平裝)

1.點心食譜 2.餅

427.16　104004358